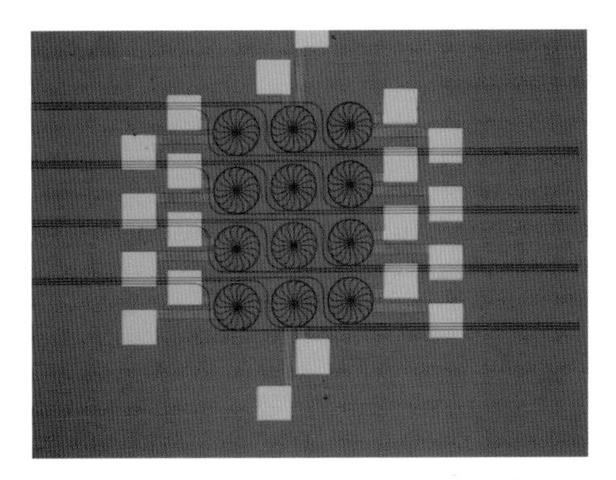

图 2.8　制作的 Ti 电极和 Al 电极的显微照片

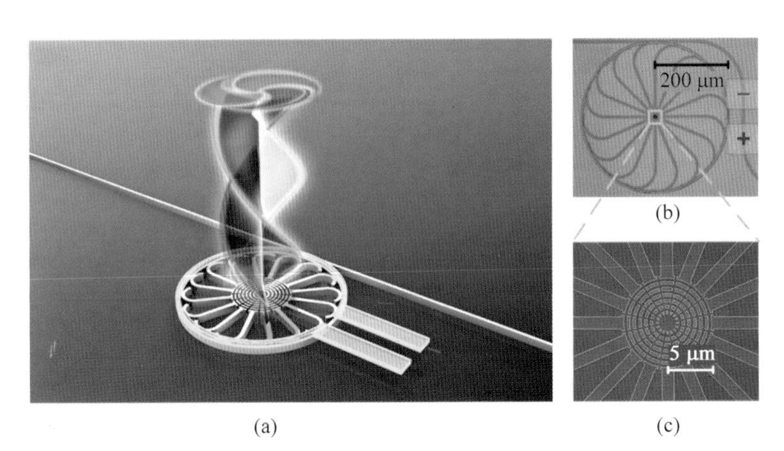

图 2.15　蛛网型光学 OAM 发射器的效果图(a)
以及实际制备器件的电子显微照片(b)和电镜照片(c)

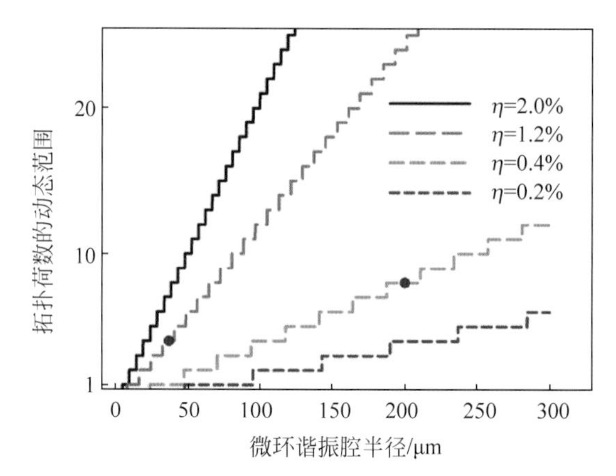

图 2.16　在不同调制比下拓扑荷数动态范围随微环半径的变化情况

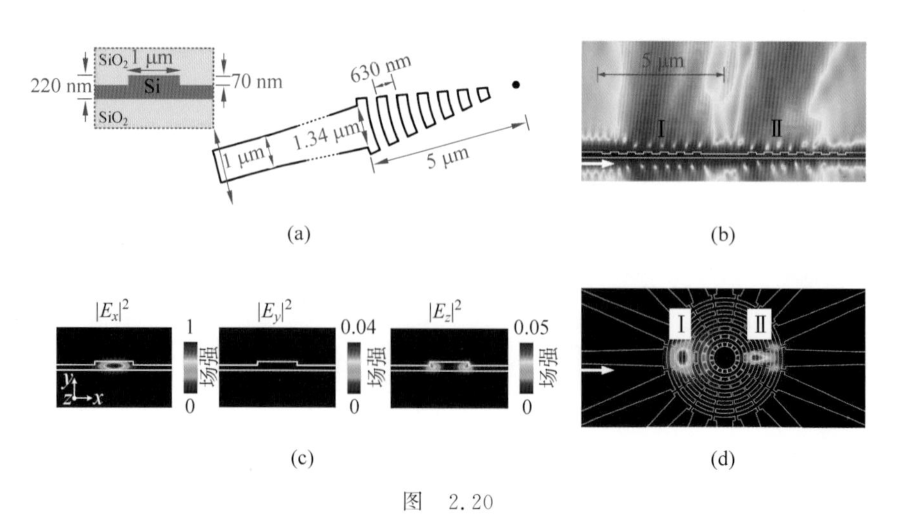

图　2.20

(a) 散射单元的结构；(b) 浅脊波导中准 TE 模的电场分布；散射单元上方场强分布的侧视图(c)和俯视图(d)

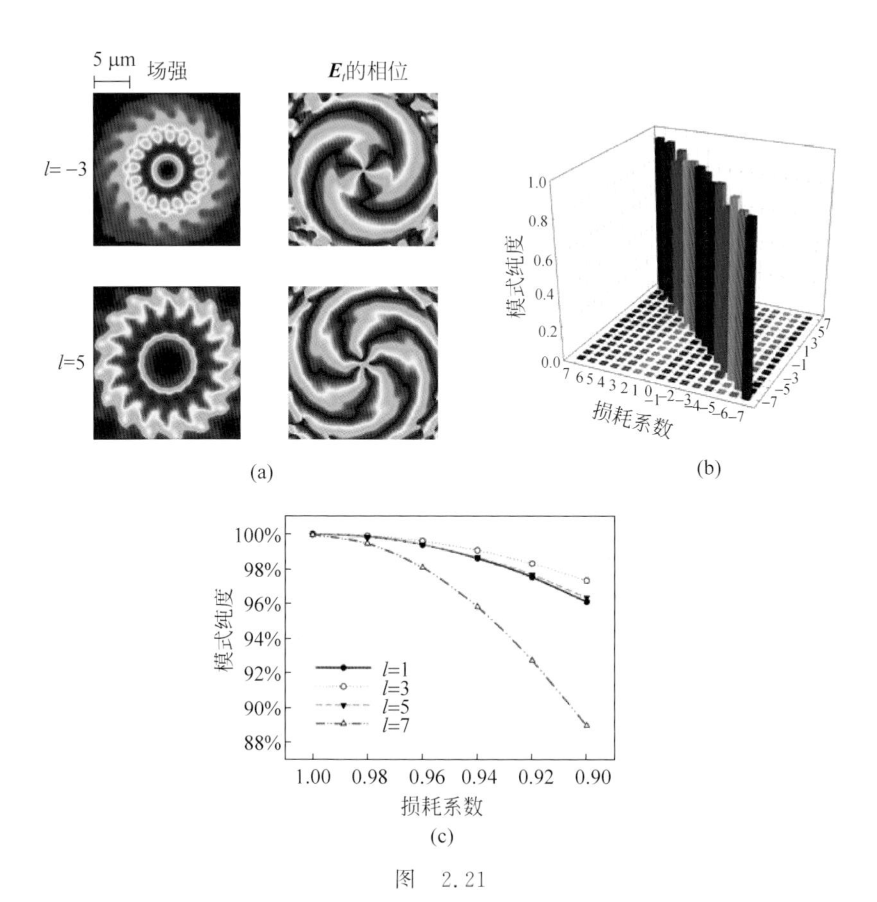

图 2.21

(a) 数值计算出 OAM 纯态(不考虑损耗)的强度和相位分布；(b) 考虑损耗后，不同 OAM 纯态的模式纯度；(c) 模式纯度随损耗系数的变化

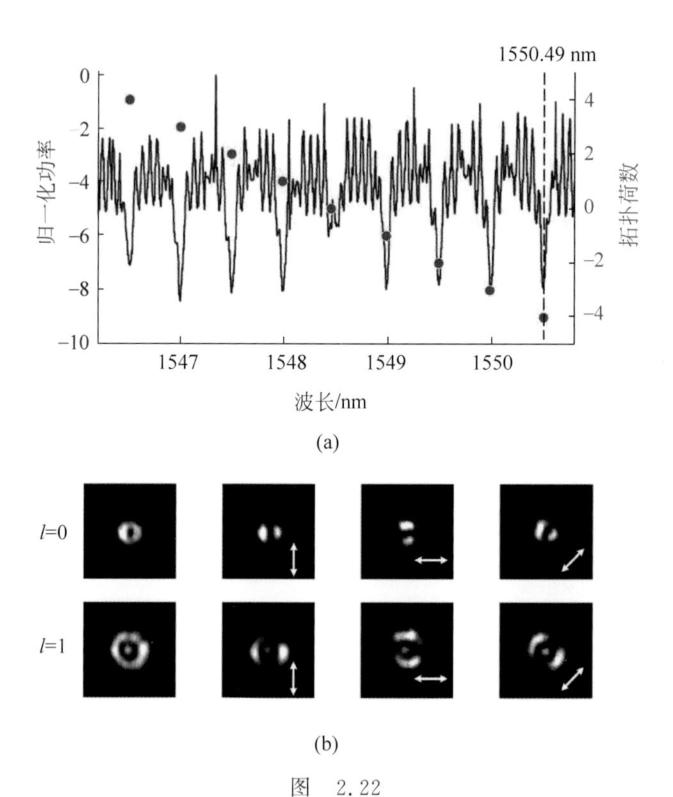

图　2.22

(a)蛛网型集成光学 OAM 发射器的透射谱；(b) 实验验证光束的角向偏振特性

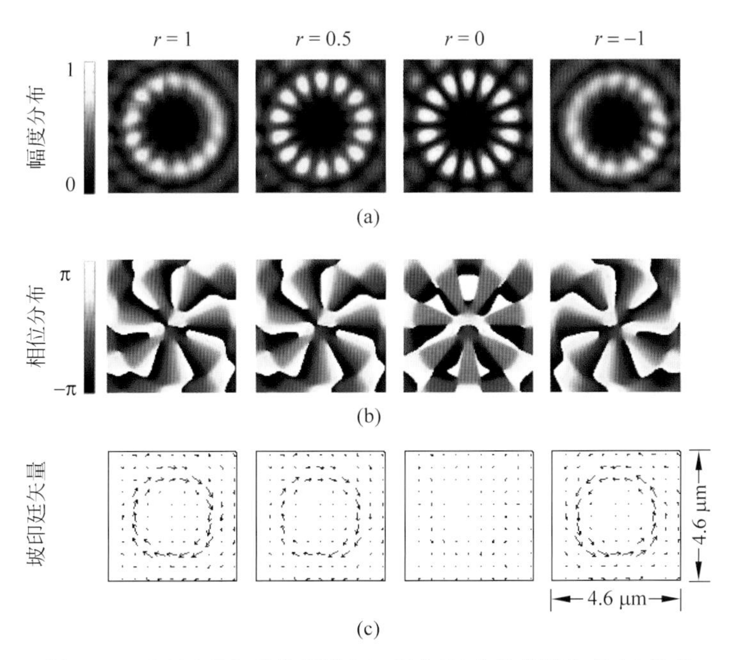

图 2.27　OAM 叠加态的幅度(a)、相位(b)和坡印廷矢量(c)分布

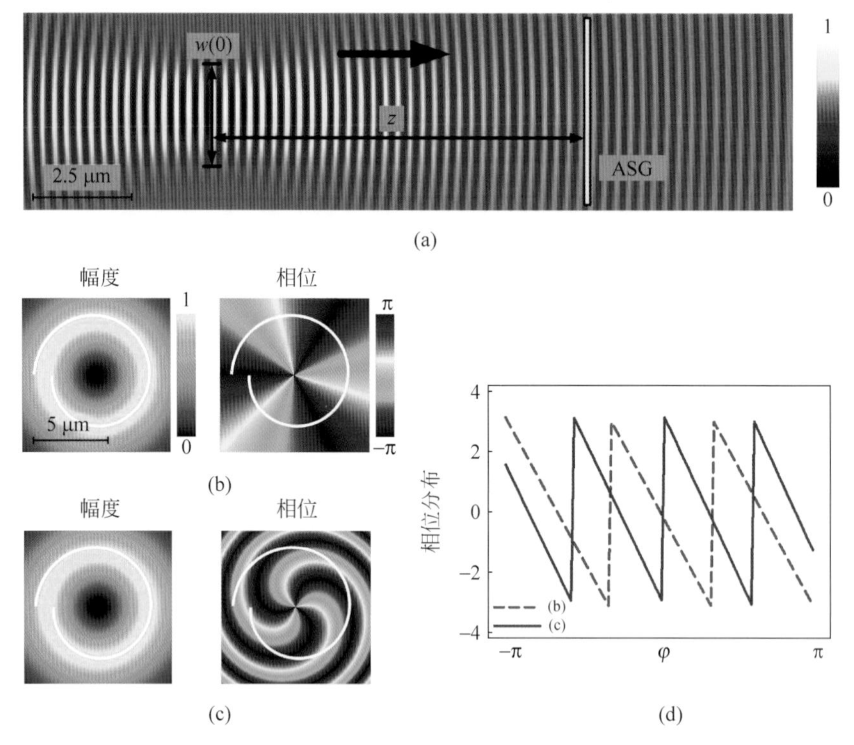

图 3.4

(a)经传播照射在金属表面的 LG 光束的瞬时幅度分布，从中可观察到其径向相位梯度；当 $w(0)=2.8\ \mu m, z=0\ \mu m$(b)和 $w(0)=1\ \mu m, z=13\ \mu m$(c)时 LG 光束的幅度和相位分布；(d)沿阿基米德螺线的相位分布

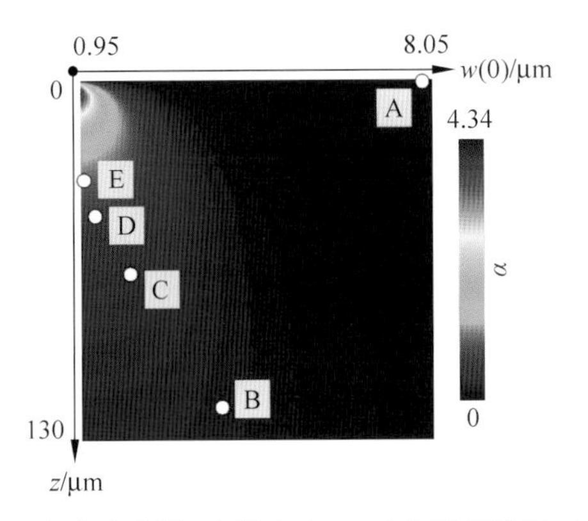

图 3.5　α 与光束参数(光腰大小 $w(0)$ 和传播距离 z)的关系

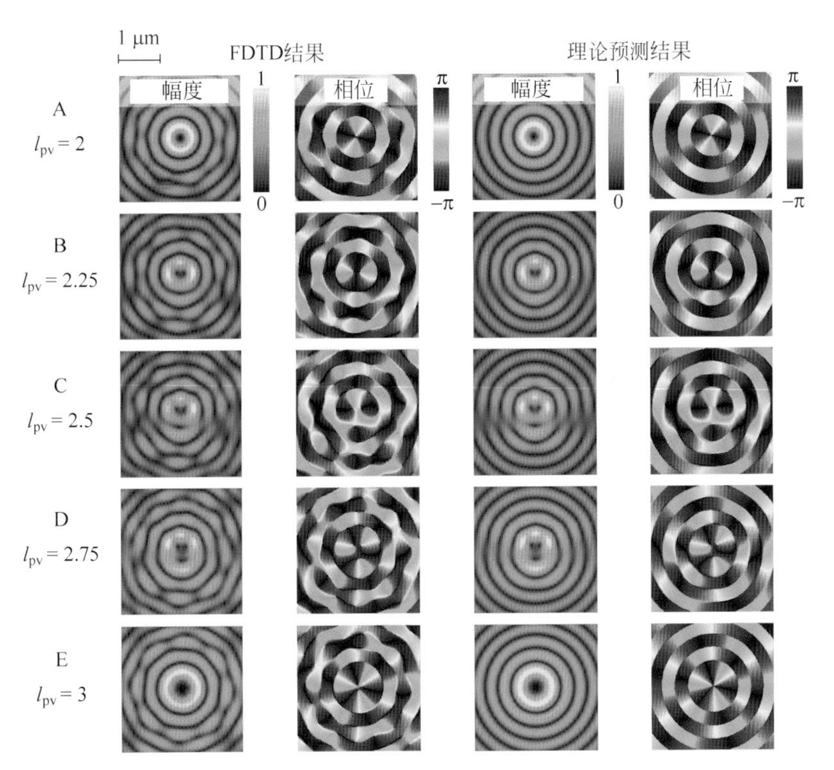

图 3.6　随着 α 从 0 变到 1,SPP 的 OAM 拓扑荷数从 2 连续变化到 3

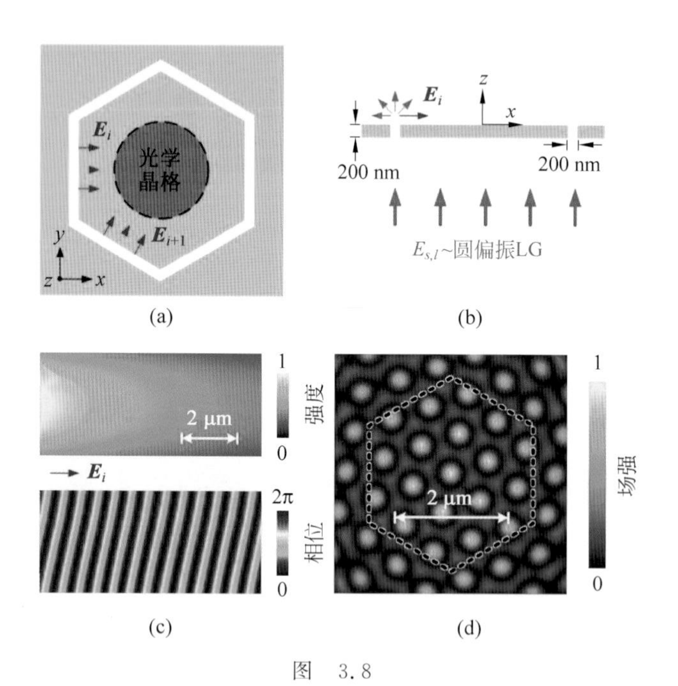

图 3.8

多边形型光学 OAM 发射器的俯视(a)和侧视(b)结构示意图；(c)某边金属槽激励的 SPP 的强度和相位俯视图；(d)典型的 OAM 阵列态的场强分布

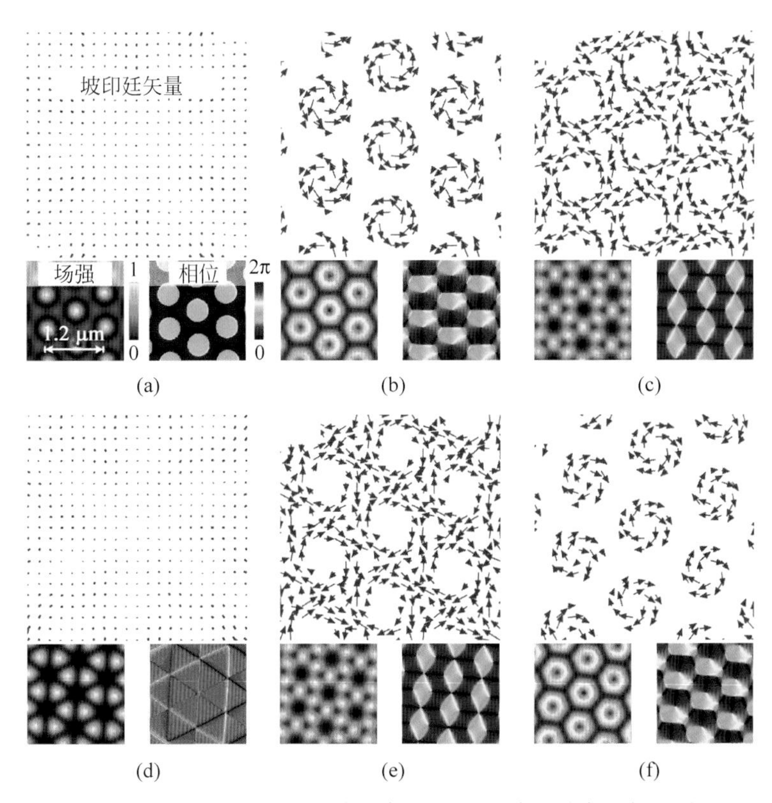

图 3.9　六边形下,OAM 阵列态的场强、相位和坡印廷矢量图

激励光束的 SAM 固定为 1,但 OAM 分别为 −1～4

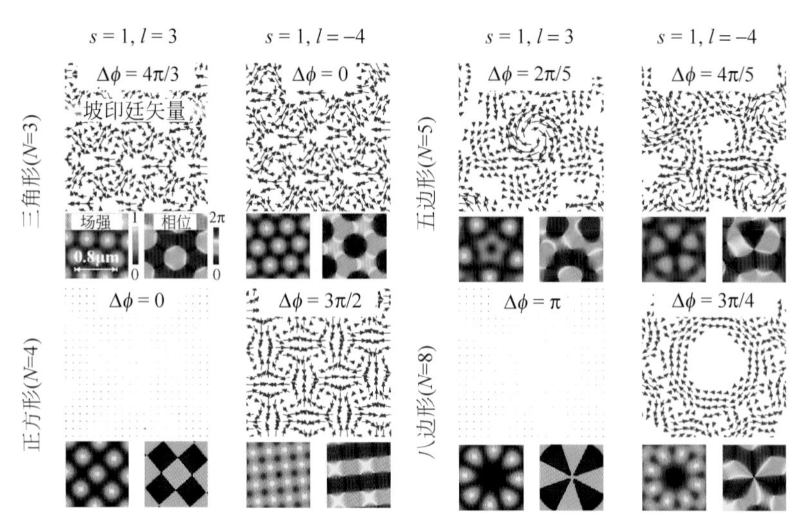

图 3.10　不同多边形形状下 OAM 阵列态的场强、相位和坡印廷矢量图

激励光束的 SAM 为 1，OAM 分别为 3 或 −4 时

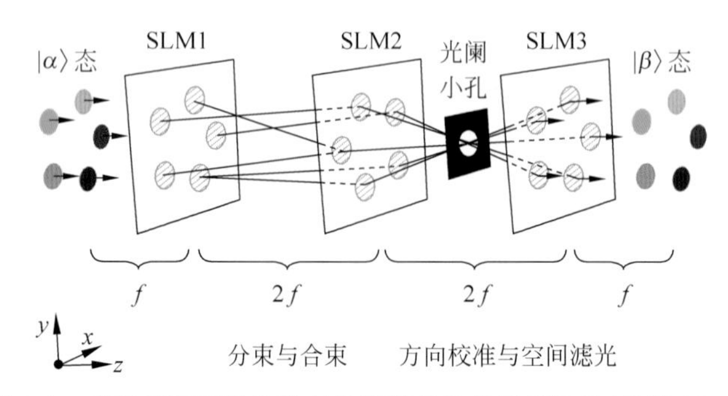

图 4.1　实现有限高维光学态的矩阵变换的系统结构(维度 $N=5$)

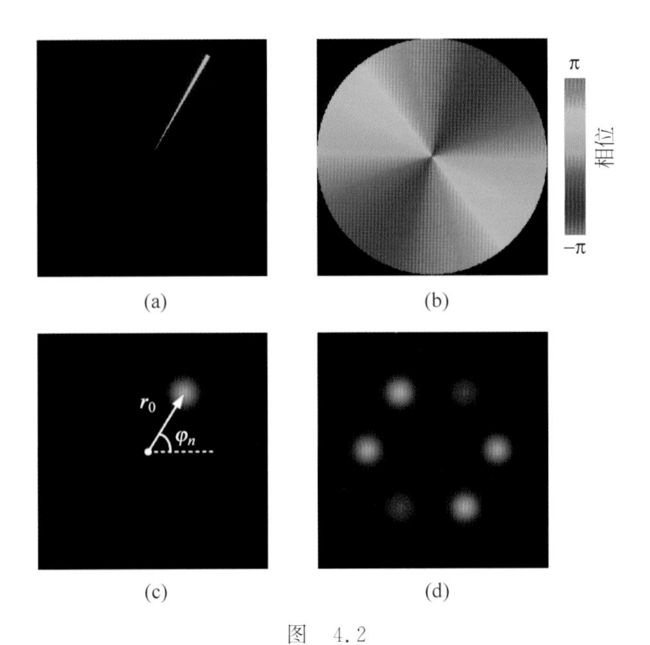

图 4.2
(a) 角态；(b) OAM 纯态；(c) 准角态；(d) 准 OAM 态($N=6$)的典型幅度相位分布
角态是由约 200 个 OAM 纯态线性叠加而成

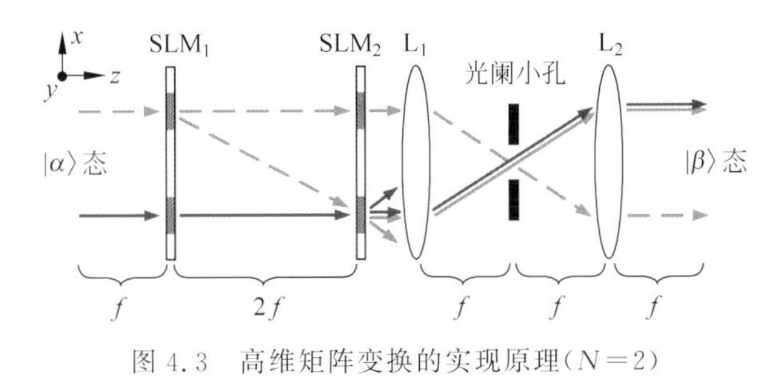

图 4.3 高维矩阵变换的实现原理($N=2$)

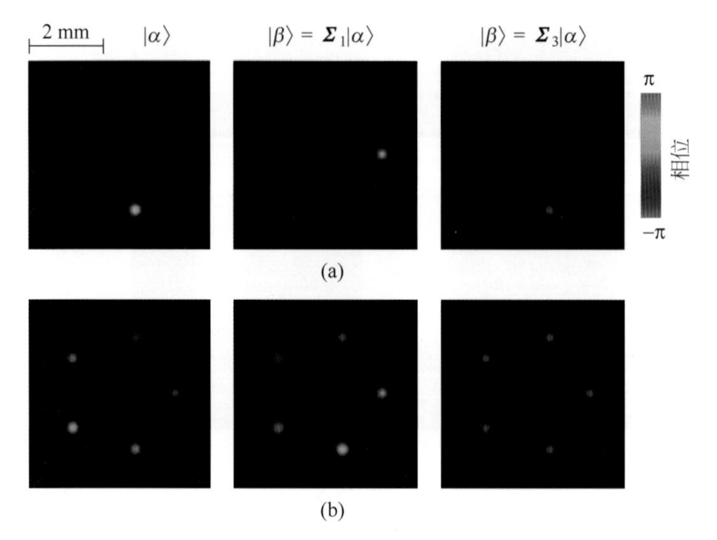

图 4.5　在准角态(a)和准 OAM 态(b)基下的 Shift 矩阵和 Clock 矩阵

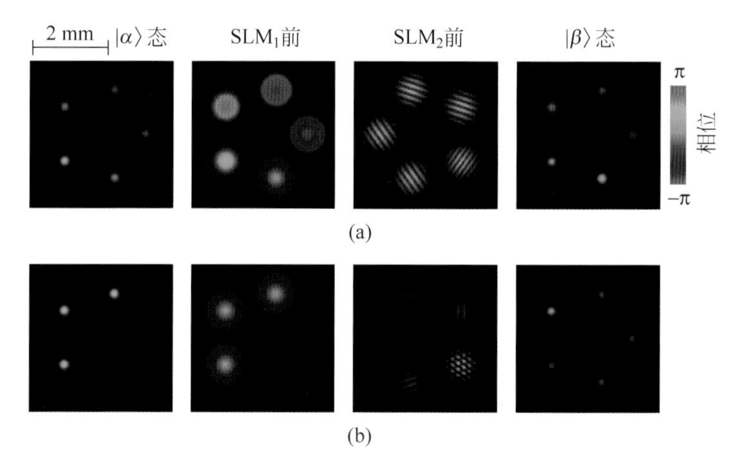

图 4.6　排列矩阵(a)和对角 Toeplitz 矩阵(b)

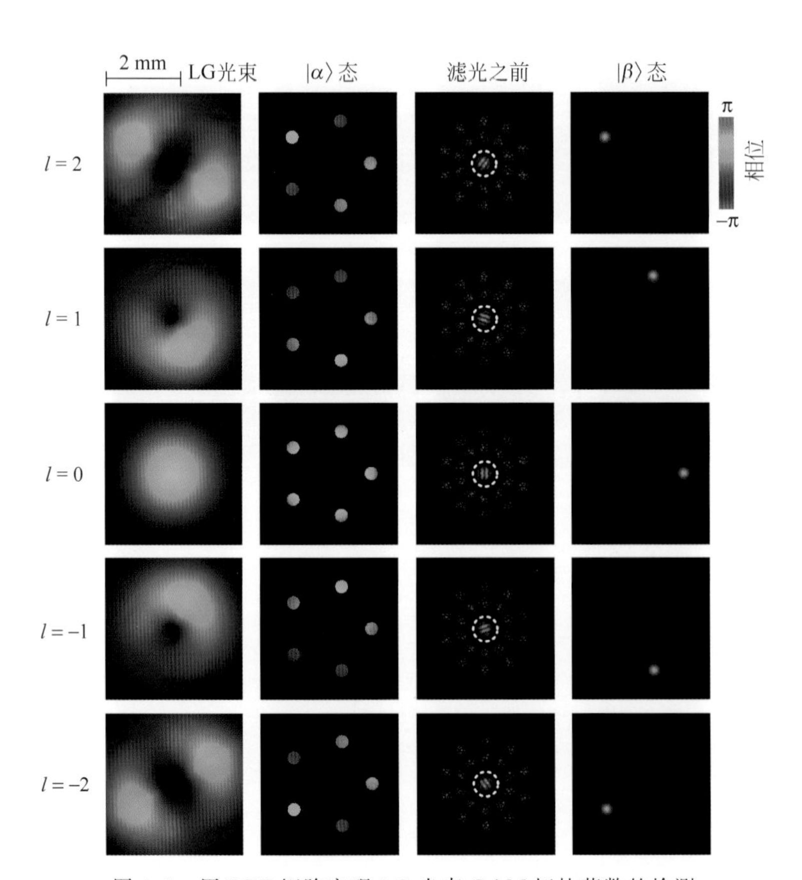

图 4.7　用 DFT 矩阵实现 LG 光束 OAM 拓扑荷数的检测

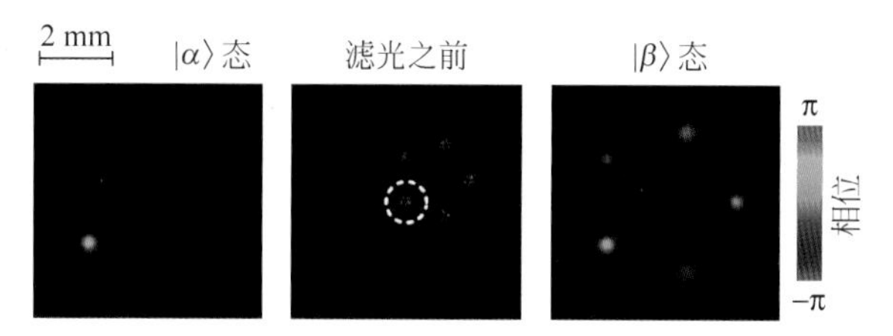

图 4.8　通过逆 DFT 矩阵变换，从准角态产生准 OAM 态

清华大学优秀博士学位论文丛书

动态操控光学轨道角动量的集成器件

王宇（Wang Yu） 著

Integrated Devices for Dynamically Manipulating Optical Orbital Angular Momentum

清华大学出版社
北 京

内 容 简 介

本书介绍了电磁场的全新独立维度——轨道角动量(OAM),基于其无限维度的特性,重点阐述了产生和操控光学 OAM 的方法。本书内容包括硅基集成光学 OAM 发射器、表面等离子激元光学 OAM 发射器和有限高维光学态的矩阵变换。硅基集成和表面等离子激元光学 OAM 发射器可分别产生和操控纯态、叠加态、分数态和阵列态的光学 OAM,而有限高维光学态则是基于准 OAM 态进行构建。这些产生和操控光学 OAM 的方法,有望在信息传输、信息处理和微粒操控等领域得到应用。

本书可作为半导体、微纳光学、物理光学和量子力学等相关专业的参考书,也可供政府、企业、高校和科研机构的相关研究人员和管理人员阅读参考。

图书在版编目(CIP)数据

动态操控光学轨道角动量的集成器件/王宇著.—北京:清华大学出版社,2020.7
(清华大学优秀博士学位论文丛书)
ISBN 978-7-302-55879-8

Ⅰ.①动… Ⅱ.①王… Ⅲ.①轨道角动量—集成光学元件—研究 Ⅳ.①TN256

中国版本图书馆 CIP 数据核字(2020)第 109177 号

责任编辑: 王 倩
封面设计: 傅瑞学
责任校对: 王淑云
责任印制: 宋 林

出版发行: 清华大学出版社
网　　址: http://www.tup.com.cn, http://www.wqbook.com
地　　址: 北京清华大学学研大厦 A 座　　**邮　　编:** 100084
社 总 机: 010-62770175　　**邮　　购:** 010-62786544
投稿与读者服务: 010-62776969, c-service@tup.tsinghua.edu.cn
质量反馈: 010-62772015, zhiliang@tup.tsinghua.edu.cn
印 刷 者: 三河市铭诚印务有限公司
装 订 者: 三河市启晨纸制品加工有限公司
经　　销: 全国新华书店
开　　本: 155mm×235mm　　**印　　张:** 7.25　　**插　　页:** 8　　**字　　数:** 138 千字
版　　次: 2020 年 9 月第 1 版　　**印　　次:** 2020 年 9 月第1 次印刷
定　　价: 69.00 元

产品编号:080949-01

一流博士生教育
体现一流大学人才培养的高度（代丛书序）[①]

人才培养是大学的根本任务。只有培养出一流人才的高校，才能够成为世界一流大学。本科教育是培养一流人才最重要的基础，是一流大学的底色，体现了学校的传统和特色。博士生教育是学历教育的最高层次，体现出一所大学人才培养的高度，代表着一个国家的人才培养水平。清华大学正在全面推进综合改革，深化教育教学改革，探索建立完善的博士生选拔培养机制，不断提升博士生培养质量。

学术精神的培养是博士生教育的根本

学术精神是大学精神的重要组成部分，是学者与学术群体在学术活动中坚守的价值准则。大学对学术精神的追求，反映了一所大学对学术的重视、对真理的热爱和对功利性目标的摒弃。博士生教育要培养有志于追求学术的人，其根本在于学术精神的培养。

无论古今中外，博士这一称号都和学问、学术紧密联系在一起，和知识探索密切相关。我国的博士一词起源于2000多年前的战国时期，是一种学官名。博士任职者负责保管文献档案、编撰著述，须知识渊博并负有传授学问的职责。东汉学者应劭在《汉官仪》中写道："博者，通博古今；士者，辩于然否。"后来，人们逐渐把精通某种职业的专门人才称为博士。博士作为一种学位，最早产生于12世纪，最初它是加入教师行会的一种资格证书。19世纪初，德国柏林大学成立，其哲学院取代了以往神学院在大学中的地位，在大学发展的历史上首次产生了由哲学院授予的哲学博士学位，并赋予了哲学博士深层次的教育内涵，即推崇学术自由、创造新知识。哲学博士的设立标志着现代博士生教育的开端，博士则被定义为独立从事学术研究、具备创造新知识能力的人，是学术精神的传承者和光大者。

---

① 本文首发于《光明日报》，2017年12月5日。

博士生学习期间是培养学术精神最重要的阶段。博士生需要接受严谨的学术训练，开展深入的学术研究，并通过发表学术论文、参与学术活动及博士论文答辩等环节，证明自身的学术能力。更重要的是，博士生要培养学术志趣，把对学术的热爱融入生命之中，把捍卫真理作为毕生的追求。博士生更要学会如何面对干扰和诱惑，远离功利，保持安静、从容的心态。学术精神，特别是其中所蕴含的科学理性精神、学术奉献精神，不仅对博士生未来的学术事业至关重要，对博士生一生的发展都大有裨益。

独创性和批判性思维是博士生最重要的素质

博士生需要具备很多素质，包括逻辑推理、言语表达、沟通协作等，但是最重要的素质是独创性和批判性思维。

学术重视传承，但更看重突破和创新。博士生作为学术事业的后备力量，要立志于追求独创性。独创意味着独立和创造，没有独立精神，往往很难产生创造性的成果。1929 年 6 月 3 日，在清华大学国学院导师王国维逝世二周年之际，国学院师生为纪念这位杰出的学者，募款修造“海宁王静安先生纪念碑”，同为国学院导师的陈寅恪先生撰写了碑铭，其中写道：“先生之著述，或有时而不章；先生之学说，或有时而可商；惟此独立之精神，自由之思想，历千万祀，与天壤而同久，共三光而永光。”这是对于一位学者的极高评价。中国著名的史学家、文学家司马迁所讲的“究天人之际，通古今之变，成一家之言”也是强调要在古今贯通中形成自己独立的见解，并努力达到新的高度。博士生应该以“独立之精神、自由之思想”来要求自己，不断创造新的学术成果。

诺贝尔物理学奖获得者杨振宁先生曾在 20 世纪 80 年代初对到访纽约州立大学石溪分校的 90 多名中国学生、学者提出：“独创性是科学工作者最重要的素质。”杨先生主张做研究的人一定要有独创的精神、独到的见解和独立研究的能力。在科技如此发达的今天，学术上的独创性变得越来越难，也愈加珍贵和重要。博士生要树立敢为天下先的志向，在独创性上下功夫，勇于挑战最前沿的科学问题。

批判性思维是一种遵循逻辑规则、不断质疑和反省的思维方式，具有批判性思维的人勇于挑战自己，敢于挑战权威。批判性思维的缺乏往往被认为是中国学生特有的弱项，也是我们在博士生培养方面存在的一个普遍问题。2001 年，美国卡内基基金会开展了一项“卡内基博士生教育创新计划”，针对博士生教育进行调研，并发布了研究报告。该报告指出：在美国和欧洲,培养学生保持批判而质疑的眼光看待自己、同行和导师的观点同样非常不容易,批判性思维的培养必须成为博士生培养项目的组成部分。

对于博士生而言,批判性思维的养成要从如何面对权威开始。为了鼓励学生质疑学术权威、挑战现有学术范式,培养学生的挑战精神和创新能力,清华大学在2013年发起“巅峰对话”,由学生自主邀请各学科领域具有国际影响力的学术大师与清华学生同台对话。该活动迄今已经举办了21期,先后邀请17位诺贝尔奖、3位图灵奖、1位菲尔兹奖获得者参与对话。诺贝尔化学奖得主巴里·夏普莱斯(Barry Sharpless)在2013年11月来清华参加“巅峰对话”时,对于清华学生的质疑精神印象深刻。他在接受媒体采访时谈道:“清华的学生无所畏惧,请原谅我的措辞,但他们真的很有胆量。”这是我听到的对清华学生的最高评价,博士生就应该具备这样的勇气和能力。培养批判性思维更难的一层是要有勇气不断否定自己,有一种不断超越自己的精神。爱因斯坦说:“在真理的认识方面,任何以权威自居的人,必将在上帝的嬉笑中垮台。”这句名言应该成为每一位从事学术研究的博士生的箴言。

提高博士生培养质量有赖于构建全方位的博士生教育体系

一流的博士生教育要有一流的教育理念,需要构建全方位的教育体系,把教育理念落实到博士生培养的各个环节中。

在博士生选拔方面,不能简单按考分录取,而是要侧重评价学术志趣和创新潜力。知识结构固然重要,但学术志趣和创新潜力更关键,考分不能完全反映学生的学术潜质。清华大学在经过多年试点探索的基础上,于2016年开始全面实行博士生招生“申请-审核”制,从原来的按照考试分数招收博士生,转变为按科研创新能力、专业学术潜质招收,并给予院系、学科、导师更大的自主权。《清华大学“申请-审核”制实施办法》明晰了导师和院系在考核、遴选和推荐上的权力和职责,同时确定了规范的流程及监管要求。

在博士生指导教师资格确认方面,不能论资排辈,要更看重教师的学术活力及研究工作的前沿性。博士生教育质量的提升关键在于教师,要让更多、更优秀的教师参与到博士生教育中来。清华大学从2009年开始探索将博士生导师评定权下放到各学位评定分委员会,允许评聘一部分优秀副教授担任博士生导师。近年来,学校在推进教师人事制度改革过程中,明确教研系列助理教授可以独立指导博士生,让富有创造活力的青年教师指导优秀的青年学生,师生相互促进、共同成长。

在促进博士生交流方面，要努力突破学科领域的界限，注重搭建跨学科的平台。跨学科交流是激发博士生学术创造力的重要途径，博士生要努力提升在交叉学科领域开展科研工作的能力。清华大学于2014年创办了“微沙龙”平台，同学们可以通过微信平台随时发布学术话题，寻觅学术伙伴。3年来，博士生参与和发起“微沙龙”12 000多场，参与博士生达38 000多人次。“微沙龙”促进了不同学科学生之间的思想碰撞，激发了同学们的学术志趣。清华于2002年创办了博士生论坛，论坛由同学自己组织，师生共同参与。博士生论坛持续举办了500期，开展了18 000多场学术报告，切实起到了师生互动、教学相长、学科交融、促进交流的作用。学校积极资助博士生到世界一流大学开展交流与合作研究，超过60%的博士生有海外访学经历。清华于2011年设立了发展中国家博士生项目，鼓励学生到发展中国家亲身体验和调研，在全球化背景下研究发展中国家的各类问题。

在博士学位评定方面，权力要进一步下放，学术判断应该由各领域的学者来负责。院系二级学术单位应该在评定博士论文水平上拥有更多的权力，也应担负更多的责任。清华大学从2015年开始把学位论文的评审职责授权给各学位评定分委员会，学位论文质量和学位评审过程主要由各学位分委员会进行把关，校学位委员会负责学位管理整体工作，负责制度建设和争议事项处理。

全面提高人才培养能力是建设世界一流大学的核心。博士生培养质量的提升是大学办学质量提升的重要标志。我们要高度重视、充分发挥博士生教育的战略性、引领性作用，面向世界、勇于进取，树立自信、保持特色，不断推动一流大学的人才培养迈向新的高度。

邱勇

清华大学校长

2017年12月5日

丛书序二

以学术型人才培养为主的博士生教育，肩负着培养具有国际竞争力的高层次学术创新人才的重任，是国家发展战略的重要组成部分，是清华大学人才培养的重中之重。

作为首批设立研究生院的高校，清华大学自20世纪80年代初开始，立足国家和社会需要，结合校内实际情况，不断推动博士生教育改革。为了提供适宜博士生成长的学术环境，我校一方面不断地营造浓厚的学术氛围，一方面大力推动培养模式创新探索。我校从多年前就已开始运行一系列博士生培养专项基金和特色项目，激励博士生潜心学术、锐意创新，拓宽博士生的国际视野，倡导跨学科研究与交流，不断提升博士生培养质量。

博士生是最具创造力的学术研究新生力量，思维活跃，求真求实。他们在导师的指导下进入本领域研究前沿，吸取本领域最新的研究成果，拓宽人类的认知边界，不断取得创新性成果。这套优秀博士学位论文丛书，不仅是我校博士生研究工作前沿成果的体现，也是我校博士生学术精神传承和光大的体现。

这套丛书的每一篇论文均来自学校新近每年评选的校级优秀博士学位论文。为了鼓励创新，激励优秀的博士生脱颖而出，同时激励导师悉心指导，我校评选校级优秀博士学位论文已有20多年。评选出的优秀博士学位论文代表了我校各学科最优秀的博士学位论文的水平。为了传播优秀的博士学位论文成果，更好地推动学术交流与学科建设，促进博士生未来发展和成长，清华大学研究生院与清华大学出版社合作出版这些优秀的博士学位论文。

感谢清华大学出版社，悉心地为每位作者提供专业、细致的写作和出版指导，使这些博士论文以专著方式呈现在读者面前，促进了这些最新的优秀研究成果的快速广泛传播。相信本套丛书的出版可以为国内外各相关领域或交叉领域的在读研究生和科研人员提供有益的参考，为相关学科领域的发展和优秀科研成果的转化起到积极的推动作用。

感谢丛书作者的导师们。这些优秀的博士学位论文，从选题、研究到成文，离不开导师的精心指导。我校优秀的师生导学传统，成就了一项项优秀的研究成果，成就了一大批青年学者，也成就了清华的学术研究。感谢导师们为每篇论文精心撰写序言，帮助读者更好地理解论文。

感谢丛书的作者们。他们优秀的学术成果，连同鲜活的思想、创新的精神、严谨的学风，都为致力于学术研究的后来者树立了榜样。他们本着精益求精的精神，对论文进行了细致的修改完善，使之在具备科学性、前沿性的同时，更具系统性和可读性。

这套丛书涵盖清华众多学科，从论文的选题能够感受到作者们积极参与国家重大战略、社会发展问题、新兴产业创新等的研究热情，能够感受到作者们的国际视野和人文情怀。相信这些年轻作者们勇于承担学术创新重任的社会责任感能够感染和带动越来越多的博士生，将论文书写在祖国的大地上。

祝愿丛书的作者们、读者们和所有从事学术研究的同行们在未来的道路上坚持梦想，百折不挠！在服务国家、奉献社会和造福人类的事业中不断创新，做新时代的引领者。

相信每一位读者在阅读这一本本学术著作的时候，在吸取学术创新成果、享受学术之美的同时，能够将其中所蕴含的科学理性精神和学术奉献精神传播和发扬出去。

清华大学研究生院院长

2018年1月5日

摘　要

轨道角动量(OAM)是电磁场在幅度、相位、频率、偏振等之外的全新独立维度。由于具有无限维度的特性,OAM有望大幅度提升经典和量子信息系统的容量。同时,携带OAM的光束(简称为OAM光束)还具有独特的力学特性,能够对微小颗粒进行“无接触”式操控,构成“光镊”或“光扳手”。此外,OAM在图像增强、光学传感等领域也表现出了应用潜力。

近年来,通过片上集成器件来替代传统的空间光学系统,实现动态操控光学OAM的集成器件逐渐成了研究热点。由于光子集成器件具有体积小、集成度高、稳定性好且易于调控的优点,因此有望克服空间光学系统体积大、结构复杂、难以对准等弊端,更有利于OAM的相关器件和技术走向实用。以此为背景,本书对动态操控光学OAM的集成器件进行了深入的研究。

面向基于OAM的信息传输应用:提出并实现了带有热光调控单元的硅基集成蛛网型光学OAM发射器,仅需0.4%的最大调制比就可在9个不同拓扑荷数(−4~4)的OAM纯态间动态切换,相邻状态的调节驱动功率仅约为20mW。

面向基于OAM的微粒操控应用:提出并实现了带有热光调控单元的硅基集成齿轮型光学OAM发射器,通过控制输入光波长和双向能量配比实现了模式半径和OAM流的独立调节,OAM叠加态的平均拓扑荷数可在−5~5之间连续调节;提出了利用激励光束在传播过程中引入的径向相位梯度,连续调控表面等离子OAM光束的拓扑荷数的方法,并可实现OAM分数态;进一步提出了利用金属多边形结构产生OAM阵列态的方法,可通过控制激励光束携带的角动量来动态调控OAM阵列态的场分布和拓扑荷数。

面向基于OAM的信息处理应用:借鉴与OAM纯态非对易的光学角态,提出了物理上可实现的构成高维封闭空间的有限维准角态概念,基于此概念可以实现系统复杂度与矩阵维度无关的高维矩阵变换方法,有望进一步实现新型光量子操控、OAM光束的产生和检测等功能。尽管目前高维矩阵变换的空间光学方案仍需基于传统的空间光学器件，但未来可望通过一种新型的动态操控光学OAM集成器件来实现信息处理和应用。

关键词：光学轨道角动量；硅基光子学；表面等离子激元

Abstract

As a new degree of freedom for the electromagnetic field, which is independent to amplitude, phase, frequency, polarization, *ect.*, optical orbital angular momentum (OAM) has been actively investigated nowadays. Due to the infinite dimensionality, OAM can be employed to increase the information capacity of both classical and quantum information. Meanwhile, the beam carrying OAM, as a unique optical tweezer or spanner, can achieve touchless micro-particle manipulation with featured mechanical properties. Besides, OAM also shows potentials in imaging enhancement and optical sensing.

Recently, a new trend in the research of OAM is to integrate the complex spatial optical system for OAM manipulation into a tiny chip. Actually, photonic integrated devices are more compact, robust and controllable than the bulk devices. Thus, it would pave the way for employing OAM in real applications. Based on these backgrounds, this dissertation is dedicated to integrated devices for dynamically manipulating optical OAM, both theoretically and experimentally.

Orientedby applications of information communication based on OAM: the silicon integrated cobweb optical OAM emitter, with a thermal-optic modulation unit, is proposed and demonstrated. With only 0.4% maximum modulation ratio, nine OAM modes with topological charges from −4 to 4 could be dynamically achieved, with switching power of about 20mW per mode.

Oriented by applications of micro-particle manipulation based on OAM: ① the silicon integrated cogwheel optical OAM emitter, with a thermal-optic modulation unit, is proposed and demonstrated. By controlling the incident wavelength and counter- propagating energy ratio, the radius and the OAM flux of the beam could be independently tuned, with the average topological charge of the superimposed OAM states continuously variable from −5 to 5. ② A method to continuously tune the OAM of plasmonic vortices by utilizing the propagation induced radial phase gradient, is proposed, with fractional OAM state achieved. ③ A method to manipulate plasmonic vortex lattice, *i. e.*, OAM arrays, is proposed. By controlling the angular momentum of incident beam, the intensity pattern and topological charge of the vortex lattice could be tuned.

Oriented by applications of information processing based on OAM: taking inspirations from the conjugate pair of OAM state, *i. e.*, angle state, the concept of the physically realizable quasiangle state with high dimensionality is developed. Based on quasiangle state, a method for high dimensional matrix transformation is proposed. A new optical quantum manipulation technique for OAM metrology and generation would be expected. Though the current proposal is based on spatial optics, an integration to the tiny chip, *i. e.*, a new integrated device for OAM manipulation, would be likely achieved in future.

Key words: optical orbital angular momentum; silicon photonics; surface plasmonic polariton

主要符号对照表

ASG 阿基米德螺线(Archimedes spiral groove)
CCD 相机(charge coupled device)
DFT 离散傅里叶变换(discrete Fourier transform)
DMD 数字微镜面器件(digital micro mirror device)
EB 电子束(electron beam)
FDTD 时域有限差分法(finite difference time domain method)
FIT 有限积分法(finite integral technique)
HG 厄米高斯(Hermite-Gaussian)
ICP 感应耦合等离子体(inductively coupled plasma)
LG 拉盖尔高斯(Laguerre-Gaussian)
LHCP 左圆偏振(left-handed circular polarization)
OAM 轨道角动量(orbital angular momentum)
PDMS 聚二甲基硅氧烷(polydimethylsiloxane)
PECVD 等离子体增强化学气相沉积(plasma enhanced chemical vapor deposition)
PV 等离子涡旋光(plasmonic vortex)
RHCP 右圆偏振(right-handed circular polarization)
SAM 自旋角动量(spin angular momentum)
SLM 空间相位调制器(spatial light modulator)
SLWD 超长工作距离(super-long working distance)
SPP 表面等离子激元(surface plasmon polariton)
TM 横向磁场(transversal magnetics)
VAS 可调幅度分束器(variable amplitude splitter)

目 录

第1章　绪　论

1.1　引言

如果说20世纪是“电子的世纪”，那么21世纪将是“光子的世纪”，光子技术越来越受到人们的关注和重视。光子是频率较高的电磁波，因而具有更高的信息传输速率和更强的信息处理潜力；光子是波色子，支持大量信息的并行传输和处理，可以极大地减少信号串扰和能量损耗，大容量光纤通信系统的成功应用已经证明，光子非常适合作为信息的载体。

在过去的研究中，人们对光子能够承载信息的维度是逐步认识并加以利用的，除了幅度、相位和频率等维度之外，还扩展到了光子携带的角动量[1]。“彗星的尾巴总是背朝太阳的方向”，这是人类对光子携带线动量的最早认知。几百年前，著名的天文学家开普勒(Kepler)首先提出光子携带了一定的线动量，在与彗星上的物质发生碰撞之后，会将线动量传导给物质并使其向后方散射，因此产生了彗尾。1905年，著名的物理学家坡印廷(Poynting)首先提出了电磁场辐射压和动量密度的概念，将光子线动量的概念进一步具体化和数量化，在接下来的1909年，他首次提出了圆偏振光携带自旋角动量(SAM)，并明确了单一光子SAM的数值为$\pm\hbar$[2]。美国劳伦斯伯克利国家实验室的物理学教授杰克逊(Jackson)在1962年出版的教材《经典电动力学》中提出，光子携带的SAM与偏振态相关，而轨道角动量(OAM)与光场的空间分布相关[3]，这是首次关于OAM的比较准确和深入的叙述。1992年，Allen教授在其经典论文中提出，拉盖尔高斯(LG)光束的OAM与SAM相互独立，且每个光子携带的OAM为$l\hbar$，其中l可以取任意整数[4,5]。

OAM作为光子的一个新自由度，不仅与幅度、相位、频率、SAM等维度完全独立，而且理论上是无限维度的[6,7]。同样的一个光子，也就是同样的一份电磁场能量，如果引入了OAM这一自由度，就可以携带更多的信息，相应的单位比特信息能耗也就下降了，这就为以光子为载体的信息传输和信息处理提供了更多的可能[8,9]。此外，携带 OAM 的光束(或简称为 OAM 光束)还具有“光镊”和“光扳手”的功能，可以实现对微小颗粒或细胞的“无接触”式的捕获和操控，在生物医学等领域具有广阔的应用前景[10,11]。

综上，OAM 是光子的全新自由度，具有无限维度的特性，对于信息传输和信息处理意义非凡；同时，OAM 的力学特性在微粒操控等生物医学领域颇有潜力。本书正是围绕以光学 OAM 为载体的信息传输、信息处理及微粒操控三种应用开展了研究工作。

1.2 利用集成器件产生和动态调控光学轨道角动量

Allen 教授在 1992 年发表的论文中[4]提出了具有角向相位分布 $\exp(-\mathrm{j}l\varphi)$的光束携带有 OAM。与 SAM 一样，OAM 也是量子化的，只能取 $\hbar$ 的整数倍，每个光子携带的 OAM 为 $l\hbar$，l 为任意整数，称为 OAM 拓扑荷数。由于携带有 OAM 的光束具有螺旋的相位面分布以及横向的电磁能流分布，所以这样的光束也称为涡旋光。Allen 教授开创性的工作极大地激发了人们了解和应用 OAM，使得该领域在随后的 20 多年取得了长足的进展。基于维度特性和力学特性，人们利用 OAM 在光通信、量子技术、微粒操控等领域开展了大量的工作，例如：Wang 等人在 2012 年利用 OAM 实现了 2.56 Tbit/s 的传输速率[8]，Wang 等人在 2015 年利用 OAM 维度实现了量子隐形传态[12]，Paterson 在 2001 年利用 OAM 实现了微粒的可控旋转[13]。此外基于其独特的相位分布，OAM 在图像增强和光学传感等方面也受到了相当的关注，例如：Jack 等人在 2009 年利用 OAM 实现了量子鬼像并验证了 Bell 不等式的违背性[14]，Belmonte 等人在 2015 年利用 OAM 实现对液体流速的检测[15]，Lavery 等人在 2013 年利用 OAM 实现了对自旋物体旋转速度的检测[16]。

无论对于何种应用，产生携带 OAM 的光束是最基本的。在实验室中，产生 OAM 的主要方式是利用空间光路，通常采用的主要器件是空间相位调制器(SLM)、Q 玻片、角向厚度渐变玻片或数字微镜面器件(DMD)等[17-27]，同时辅以透镜组、起偏器、透光小孔等。该方法的基本原理是将普通的高斯光束经过一定的相位调制，得到 LG 光束[28-30]。但这样的系统通常包含诸多元器件，结构复杂，需要占据较大的空间位置，同时其系统校准的精度要求较高，对外界的干扰需保持很好的隔离。因此，该方法仅能在实验室环境下,对OAM的相关应用和技术进行原理性验证,很难在实验室之外的实际应用环境中发挥其功能和作用。综上,基于空间光路的产生方法,在一定程度上,限制了OAM进一步地拓展和实用。

近几年来,集成光子学使大型光学系统的微型化成为可能[31]。使用现已经较为成熟的集成光子学技术,可以将一个复杂的光学系统集成在不足一个指甲盖大小的光学芯片上,具有使用方便、占用空间较小、动态调控方便等优点。因而,将OAM与集成光子学进行有机结合成为目前的研究热点,包括两个重要的分支:一个是将OAM与硅基集成光子学进行结合,用于产生携带OAM的空间光束;另一个是将OAM与金属材料结合,用于产生携带OAM的表面等离子激元(SPP),或用于产生携带OAM的空间光束。

硅基集成光子学与OAM的结合:2012年,世界上三个不同的研究小组分别提出了三种不同的解决方案。这三种硅基集成光学OAM发射器分别来自英国布里斯托大学的Siyuan Yu教授研究小组[32]、美国加州大学戴维斯分校的Ben Yoo教授研究小组[33]以及本书作者所在的研究小组[34]。Siyuan Yu教授研究小组的相关工作发表于《科学》杂志,并成为杂志封面,是第一个利用集成器件产生OAM的实验报道;Ben Yoo教授研究小组实现了硅基集成的OAM复用器和解复用器;而本书作者所在研究小组提出了硅基集成的OAM编码器和解码器。硅基光子学技术与商用的半导体CMOS技术完美兼容,使大规模和低成本生产可动态操控光学OAM的硅基集成器件成为可能[35]。2012年之后,该领域的研究成果仍层出不穷,并拓展到了硅基平面波导[36,37]、与光纤系统结合[38-40]、矢量光束[41-44]等领域[45-51]。

金属材料与OAM的结合:目前主要有两种产生携带OAM光束的方法,一种是利用基于阿基米德螺线结构的器件[52-57],主要产生消逝场光束;另一种是利用基于V字形金属天线结构的器件[58-62],主要产生辐射场光束。基于金属材料的集成器件具有制备流程简单、方便的特点,可以进行快速设计和快速验证。此外,基于金属材料能很方便地设计和制备纳米结构,例如尺寸不一的圆形小孔、长宽比不一的方形结构等,进而充分利用超材料、超表面的特殊性质[63-69]。

尽管用于产生光学OAM集成器件的研究工作取得了长足的进步,但绝大多数集成器件仍缺少实现动态调控的机制和方法,仅能够作为静态器件使用。虽然已经有一些工作报道了基于集成器件实现OAM动态操控的方法，但这些方法仍然存在一些问题，与实际应用的要求也有一定差距。例如，方法一[70]利用了硅材料的热光效应，可实现光学 OAM 的动态调控，但该方案由于器件结构的局限性，在器件性能充分优化的前提下，光束仅能在五种不同 OAM 拓扑荷数间切换，未能充分发挥 OAM 高维度的特性；方法二[71,72]也利用了硅材料的热光效应，可动态旋转两束等幅且具有相反拓扑荷数的光束的叠加场，但并不能对叠加场本身所携带的 OAM 数值进行动态调控；方法三[56,73]可产生携带分数拓扑荷数的 SPP，但调控分数值的拓扑荷数时，需要改变激励光束的波长或者采用不同器件结构，难以实现动态的调控，而其他大多数工作[52,74]仅可以对携带整数拓扑荷数的 SPP 进行动态调控，而无法连续调控任意分数值的拓扑荷数。

因此，尽管人们目前已经能够成功地利用集成器件产生光学 OAM，但集成器件的动态调控性能并未得到充分的挖掘和利用。面向信息传输应用，实现 OAM 动态调控的意义在于：在 OAM 编码架构下，不同 OAM 态之间的切换速度越快，单位时间内能承载的信息也越多，因此信息的传输速率也会越快；面向微粒操控应用，实现 OAM 动态调控的意义在于：OAM 的调控速度越快，对微粒不同操控方式的变换速度也越快，可以大幅提高操控灵活度；面向信息处理应用，实现 OAM 动态调控的意义在于：动态调控速度越快，对 OAM 信息处理的速度也越快，也就意味着光计算的速度越快。因此，面向信息传输、微粒操控和信息处理三种应用，实现 OAM 的动态调控都至关重要。

本书面向信息传输和微粒操控两种应用，提出了四种可以动态调控不同 OAM 态的集成器件，并对其中的两种完成了制备和测试。同时，本书面向信息处理应用，还提出了基于 OAM 态构建有限高维光学态，从而进行高维矩阵变换的空间光学方案，该方案不仅可以通过空间光学器件实现，还有望构成一种新的集成器件。

1.3　关键问题分析

1.3.1　关键问题 1

摩尔曾经提出：当价格不变时，集成电路的性能，每 18 个月便会增加一倍[75]。这就是著名的摩尔定律，它主宰了超过半个世纪的电子信息产业。然而，面对着电子的物理极限，近年来人们普遍认为摩尔定律难以再长期延续，而即将终结[76]。限制摩尔定律延续的两大主要瓶颈在于：单位能耗的传输速率和单位面积的晶体管密度。其中，单位能耗的传输速率定义为系统的传输速率除以系统的整体能耗，量纲为(GB/s)/mW。单位能耗的传输速率越大，则系统在一定能耗的前提下，所能传输的数据量和信息量越多，系统的能量效率也越高。

本书作者所在研究小组提出了基于硅基集成光学OAM发射器的片间光互连新方案[34]，有望通过新的物理机制，解决单位能耗的传输速率问题，延续摩尔定律。在该方案中，OAM具有的高维特性至关重要。若采用N个OAM纯态作为信息编码的基，则单位能耗传输速率可以提高为$\log_2 N$倍。其基本原理是N越大，每个光子(即每份电磁场能量)所携带的OAM拓扑荷数的取值范围越大，其所承载的信息量也越多(用二进制$\log_2 N$进行表征)，可能实现的单位能耗传输速率也越高。这里，OAM纯态是指角向相位变化可由$\exp(-\mathrm{j}l\varphi)$唯一表征的光学态，可用量子力学符号$|l\rangle$来表示。OAM的信息传输一般都是基于OAM纯态，以方便进行信息的调制和解调。综上，OAM纯态的动态范围N越大，每个光子即每份能量所携带的二进制信息量$\log_2 N$也越多，单位能耗的传输速率也越高。

面向OAM信息传输应用，本书所要解决的关键问题1是：如何基于硅基集成器件，实现OAM纯态的大范围动态调控，从而为提高单位能耗的传输速率奠定基础。

1.3.2　关键问题2

近年来，生物医学领域的研究逐渐进入微观尺度，并因此有了“片上实验室”的概念——将科学的分析操作集成到小型的玻璃、塑料等微型薄片上，在芯片大小的薄片上实现生化操作和检测[77,78]。集成光子学由于其尺寸小、高度集成的特性，与片上实验室的概念不谋而合[79,80]。同时，在空间光学领域，利用携带OAM光束的梯度力和散射力进行微小颗粒的捕获、旋转等操控的技术已经实现[10,81,82]。因此，将动态操控光学OAM的集成器件应用于片上实验室将是十分具有前景的研究方向。

在本工作中，主要考虑了片上实验室对微粒操控的三种具体应用。

第一，实现微粒旋转匀速可控，但旋转的半径保持不变。携带OAM的光束对微粒的作用体现在两个方面：①对微粒的推动和旋转，②将微粒局限在光束的最强处，即光束对应环形分布的半径处。OAM纯态的光束半径与携带的OAM有正相关关系，即携带OAM的值越大，光束半径也越大[83]。因此，在输入光功率一定的前提下，若要实现更快的旋转速度，则需要增加光子携带的OAM，这会导致光束半径增大，也就意味着颗粒旋转的半径将增大，旋转速度和旋转半径二者并不能独立控制。所幸的是，有研究工作表明[84]，OAM拓扑荷数相反的光束具有相同的光束半径，如果将两者进行线性叠加，通过控制相反的两束光的强度比例，就可以改变光束携带OAM的平均值，同时光束半径保持不变。这种特殊的光束实际上就是OAM的叠加态[85-88]，特别是当反向的两束光束光强相同时，构成齿轮光[84]。

第二，实现微粒旋转速度可控，即可快可慢、可停可动。该考虑源于OAM纯态和上述OAM叠加态都只能实现微粒的匀速转动，虽然速度本身可以调控，但仍然不够灵活。有研究工作表明，OAM分数态作为OAM叠加态的一种特殊情况，在光束场强分布上具有环形缺口，该缺口可实现对低于周围溶液折射率的微小颗粒的捕获。通过改变光束参数实现环形缺口旋转的同时，可实现对微小颗粒的旋转[89]，该捕获旋转功能速度完全可控，更加灵活。此外，OAM分数态本身是由无数个OAM纯态线性叠加而成的，是一种特殊的OAM叠加态，这一独特性质拓展了基于OAM高维特性的应用[90-98]。

第三，实现同时操控多个微粒。无论是OAM纯态、叠加态还是分数态，都只能操控一个或一组微粒，无法实现对大量微粒独立、同时地捕获与旋转。有研究工作表明，OAM阵列态[99-101]，即一种带有角向相位梯度分布的特殊光学晶格，可以实现对多个微粒的同时操控[102-104]。

面向OAM微粒操控应用，本书所要解决的关键问题2是：如何基于集成器件，分别实现OAM叠加态、分数态和阵列态的动态调控。

1.3.3　关键问题3

线性光学变换体现为通过矩阵变换对光子携带的信息进行处理[105-108]。传统的光学矩阵变换主要以光偏振态作为信息的载体，但是由于光的偏振态只能构成二维空间(例如SAM分别为±1的圆偏振态作为正交基)，这极大地限制了所能处理的信息量[107]。为了获得更强的信息处理能力，需要采用更高维度的光子态。由于光子的OAM态构成了无限维度希尔伯特空间，利用OAM态作为高维光子态并用于信息处理成为研究的热点[109-112]。

但是直接利用光子的OAM态作为高维信息处理时存在两个问题：第一，拓扑荷数绝对值较大的OAM难以在实验中产生，操控的效率很低，因为OAM拓扑荷数越大，光束的空间弥散越严重，对产生OAM的器件分辨率要求也越高；第二，光子的OAM态是具有无限维度的，而线性光学计算中则要求光子态构成有限维度的封闭空间，才能将整个计算过程表示为有限维的变换矩阵。现有的方案或是需要特别多的光学元器件且不易于拓展[109]，或是只能实现某种特殊的线性运算，但都无法拓展为任意的矩阵变换[112]。因此，找到基于OAM态实现线性光学变换的新思路和新方法迫在眉睫。

面向OAM信息处理应用，本书所要解决的关键问题3是：如何利用OAM态的无限维度特性，构建有限高维光学态，并实现高维矩阵变换。

1.4　主要内容及创新点

本书基于光子OAM的高维特性和力学特性，设计了多种动态操控光学OAM的集成器件，进行了大量的理论模拟和实验验证工作，主要的研究内容包括：

(1) 硅基集成器件方面的工作：建立了数值仿真平台和实验测试平台，以此设计、制备并测试了两种硅基集成光学OAM发射器，通过引入硅材料的热光效应，分别实现了OAM纯态的大动态范围动态调控和OAM叠加态的动态调控，这部分工作对应本书的第2章内容；

(2) SPP器件方面的工作：建立了数值仿真平台，以此设计了两种基于SPP的OAM发射器，通过SLM改变激励光束的相关参数，可分别实现OAM分数态和OAM阵列态的动态调控，这部分工作对应本书的第3章内容；

(3) 有限高维光学态方面的工作：提出了物理可实现的有限维“准角态”概念和基于空间光学的任意高维矩阵变换方法，建立了数值仿真平台，验证了广义泡利(Pauli)矩阵、离散傅里叶变换(DFT)矩阵等多种矩阵，其中基于DFT矩阵的变换可以作为一种对OAM拓扑荷数检测和产生的新方法，这部分工作对应本书的第4章内容。

本书的主要工作成果和创新点包括：

(1) 提出并实现了带有热光调控单元的蛛网型光学OAM发射器，仅需0.4%的最大调制比就可在9个不同拓扑荷数(−4～4)的OAM纯态间动态切换，相邻状态的调节驱动功率仅约为20 mW；(*Scientific Reports*, 2016, 6, 22512)

（2）提出并实现了带有热光调控单元的齿轮型光学 OAM 发射器，通过控制输入光波长和双向能量配比实现了模式半径和 OAM 流的独立调节，OAM 叠加态的平均拓扑荷数可在 $-5\sim5$ 之间连续调节；（*Scientific Reports*，2015，5，10958）

（3）提出了利用激励光束在传播过程引入的径向相位梯度，来连续调控 SPP 的 OAM 拓扑荷数的方法，并可实现 OAM 分数态，进一步提出了利用金属多边形结构产生 OAM 阵列态的方法，可通过控制激励光束携带的角动量来动态调控 OAM 阵列态的场分布和拓扑荷数；（*Scientific Reports*，2016，6，36269；*Optics Letters*，2016，41，1478）

（4）借鉴与 OAM 纯态非对易的光学角态，提出了物理可实现的构成高维封闭空间的有限维准角态概念，基于此概念可以实现系统复杂度与矩阵维度无关的高维矩阵变换方法，有望进一步实现新型光量子操控、OAM 光束的检测和产生等功能。（*Physical Review A*，2017，95，033827）

第 2 章　硅基集成光学轨道角动量发射器

2.1　引言

硅基集成器件与商用的半导体 CMOS 工艺完美兼容，具有可批量生产、集成度高、价格低廉等优势，因而受到了广泛关注。本章将介绍两种硅基集成光学 OAM 发射器的基本原理、数值计算和结果分析以及动态调控测试结果。

本章 2.2 节将首先介绍利用硅基光学微环谐振腔(简称光学微环)产生携带 OAM 光束的基本原理和动态调控方法；2.3 节介绍硅基集成器件的制备工艺流程和测试方法；2.4 节介绍面向基于 OAM 的信息传输应用、可实现 OAM 纯态大范围动态调控的蛛网型光学 OAM 发射器；2.5 节介绍面向基于 OAM 的微粒操控应用、可实现 OAM 叠加态动态调控的齿轮型光学 OAM 发射器。

2.2　基于光学微环产生携带轨道角动量的光束

光学微环是硅基光子学中广泛应用的基本单元，可以构成多种功能器件[113]。光学微环通常由直波导和环状波导两部分构成，波导的宽度一般在百纳米到微米之间，直波导和环状波导的耦合间隔一般为几十到几百纳米。由于微环中的回音壁模式具有天然的角向相位梯度，采用适当的手段将携带相位梯度的光场引出，可在其上方的自由空间形成携带 OAM 的光束[32,34]。

2.2.1　光学微环的基本特性

图 2.1(a)给出了一个完整的光学微环结构，基本工作机制是：当光束通过垂直耦合或者水平耦合的方式进入直波导后，在直波导和环状波导的耦合区域，一部分光束会耦合进入环状波导，并绕行传播；当再次回到耦合

区域时，其中的一部分会耦合回到直波导，另一部分在环状波导中继续绕行，如此往复；对于某些波长的光束，如果传播一周恰好满足光程是波长的整数倍，那么就会相干叠加，形成谐振，将大量的能量存储在谐振腔中，形成稳定的回音壁模式。能构成回音壁模式的光束满足谐振条件：

$$N\lambda_{\text{eff}}=2\pi r \tag{2.1}$$

其中，N 是任意正整数，也称为回音壁模式数，r 是微环的半径，λ_{eff} 是光束在波导中的等效波长，是波长 λ 和波导模式等效折射率 n_{eff} 的乘积，而等效折射率由波长、波导结构、波导材料等共同决定。

图 2.1(b)～(c)给出了本书中采用的两种硅基波导的结构：条状波导和浅脊波导。由于硅(Si)材料的折射率高于二氧化硅(SiO_2)，光束将会被限制在高折射率的硅波导中。波导上方可以是低折射率的空气，也可以覆盖二氧化硅保护层。在本书中，波导上方均覆盖了 600 nm 厚的二氧化硅保护层。

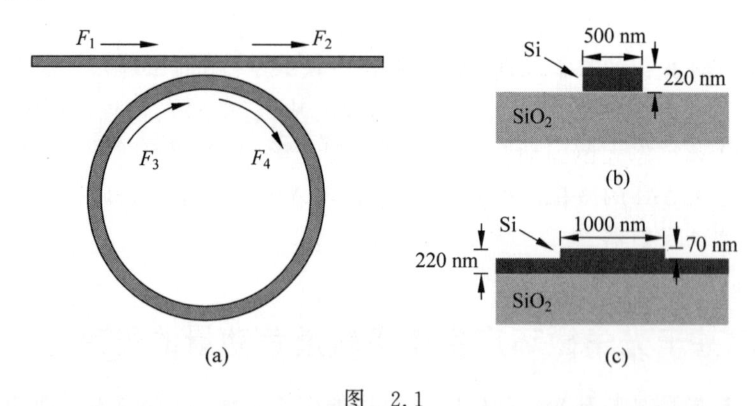

图 2.1

(a) 光学微环的基本结构；(b) 条状波导的截面结构；(c) 浅脊波导的截面结构

对于稳态情况，光学微环中的电磁场分布可以用散射矩阵来建模求解[114]：

$$\begin{pmatrix}F_4\\F_2\end{pmatrix}=\begin{pmatrix}t & -\mathrm{i}\kappa\\-\mathrm{i}\kappa & t\end{pmatrix}\begin{pmatrix}F_3\\F_1\end{pmatrix} \tag{2.2}$$

其中，F 是稳态振幅，已经在图 2.1(a)中给出，κ 为振幅互耦合系数，t 为振幅自耦合系数，二者满足 $\kappa^2+t^2=1$。经过运算推导，可以得到直波导输出端的透射功率为

$$P_T=\frac{t^2-2ta\cos\beta+a^2}{1-2ta\cos\beta+t^2a^2} \tag{2.3}$$

其中，$\beta=2\pi(2\pi r/\lambda_{\mathrm{eff}})$表示光束绕行微环一周的相移，$a$ 表示光束绕行一周的透过功率(扣除传输损耗和散射损耗后的功率)。根据以上表达式，计算得到了一个典型的光学微环透射谱(接近临界耦合)，如图 2.2 所示。每一个谐振峰都对应了一种回音壁模式，且相邻谐振峰的回音壁模式数相差 1。

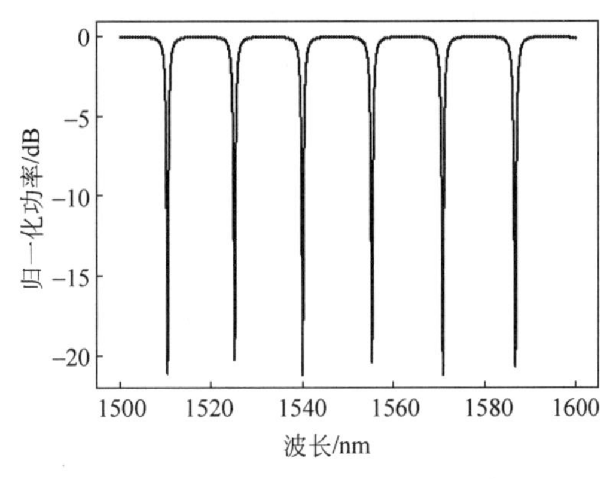

图 2.2　典型的光学微环透射谱

所用到的仿真参数及取值如表 2.1 所示。

表 2.1　仿真光学微环透射谱的参数和取值

参　　数	取　　值	参　　数	取　　值
$\lambda/\mu\mathrm{m}$	1.5～1.6	t	0.9
n_{eff}	2	a	0.95
$r/\mu\mathrm{m}$	50		

2.2.2　利用光学微环产生轨道角动量的基本原理

微环中的回音壁模式具有均匀的场强分布和角向的相位梯度，相位沿着传播方向递减。因此，若在微环附近设置一周等距的光栅(假设光栅的数目为 M)，将带有角向相位梯度的、等幅的回音壁模式散射到自由空间，就能获得携带 OAM 的光束[34]。由于回音壁模式为整数，光束相位的角向变化也将是 2π 的整数倍，对应了 OAM 纯态。相邻光栅的相位差 $\Delta\phi$ 由回音壁模式数和光栅数目共同决定：

$$\Delta\phi=\frac{2\pi N}{M}\mathrm{mod}2\pi-\pi\in[-\pi,\pi) \tag{2.4}$$

$\Delta\phi$ 进一步决定了光束相位的角向变化：

$$\phi = M\Delta\phi \tag{2.5}$$

根据相位差的不同取值，光束携带 OAM 的拓扑荷数也相应不同，由式(2.5)可以看出，OAM 拓扑荷数将有 M 个取值。但值得注意的是，当 M 为偶数时，$\Delta\phi$ 在某些 N 取值下等于 $-\pi$，此时散射到自由空间的光束并不是 OAM 纯态，而是一种特殊的 OAM 叠加态，由于其角向驻波的性质而被称为齿轮光[84]，对于这种情况将在之后的章节中再详细讨论。除了这种特殊情况之外，获得的 OAM 纯态的拓扑荷数取值可以表示为

$$l = \frac{\phi}{2\pi} = \frac{M\Delta\phi}{2\pi} \in \mathbb{Z}, \quad \Delta\phi \neq -\pi \tag{2.6}$$

由式(2.6)可以看到，只需要改变回音壁模式数，就可以实现对拓扑荷数的改变。根据式(2.1)可知，回音壁模式数由光束波长 λ、等效折射率 n_{eff} 和微环半径 r 三个参数共同决定。改变三个参数中的任一参数，都能实现对 OAM 纯态的拓扑荷数的调控。在本书中，将分别通过改变入射光波的波长和等效折射率两种方法，实现对拓扑荷数的调控。

由于光栅结构相对于光学微环的圆心具有旋转对称性，因此产生光束的偏振态也具有旋转对称性，而非通常的线偏振态。根据不同的光栅结构设计，能够产生角向偏振或者径向偏振的 OAM 纯态。其中，角向和径向分别对应柱坐标系($\hat{\boldsymbol{r}}, \hat{\boldsymbol{\varphi}}, \hat{\boldsymbol{z}}$)或($\hat{\boldsymbol{\rho}}, \hat{\boldsymbol{\varphi}}, \hat{\boldsymbol{z}}$)中的$\hat{\boldsymbol{\varphi}}$ 和 $\hat{\boldsymbol{r}}$(或$\hat{\boldsymbol{\rho}}$)。例如，对于一个角向偏振的 OAM 纯态，如图 2.3 所示，可以将其拆分为两个圆偏振的部分[32,115]：

$$\boldsymbol{E}_t \sim \begin{pmatrix} -\sin\varphi \\ \cos\varphi \end{pmatrix} \mathrm{e}^{-\mathrm{j}l\varphi} = -\frac{\mathrm{j}}{2}\begin{pmatrix} 1 \\ \mathrm{j} \end{pmatrix} \mathrm{e}^{-\mathrm{j}(l+1)\varphi} + \frac{\mathrm{j}}{2}\begin{pmatrix} 1 \\ -\mathrm{j} \end{pmatrix} \mathrm{e}^{-\mathrm{j}(l-1)\varphi} \tag{2.7}$$

拓扑荷数为 l 的角向偏振的 OAM 纯态，可以线性分解为拓扑荷数 $l+1$ 的左圆偏振部分和拓扑荷数 $l-1$ 的右圆偏振部分，由于左圆偏振光束或右圆偏振光束分别携带 $-\hbar$ 或 $\hbar$ 的 SAM，所以这两部分的单光子总角动量(OAM+SAM)仍然是 $l\hbar$。

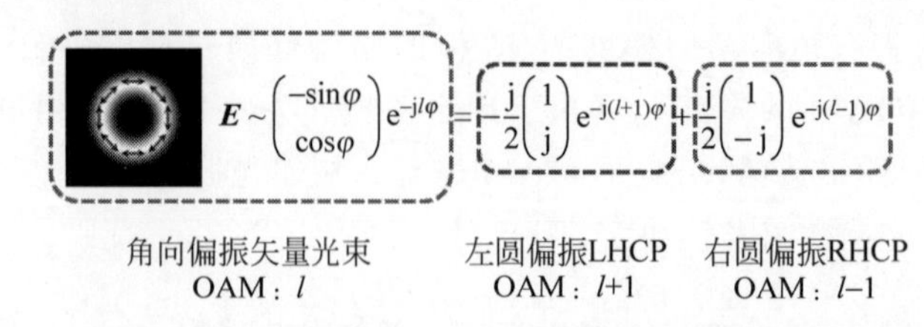

图 2.3 将角向偏振的矢量 OAM 光束线性分解为两个圆偏振的部分

事实上，对于径向偏振也可以得到类似的分解结果。因此，携带 OAM 的矢量光束本质上是由左圆偏振和右圆偏振的两束光束等幅叠加而成的。相对于径向或角向矢量光束，圆偏振光束在实验中更容易产生，因此将利用圆偏振光束作为参考，对矢量光束携带的 OAM 拓扑荷数进行干涉检测。该方法的基本原理与线偏振光束 OAM 拓扑荷数干涉检测法[9]的基本原理一致。

2.3　硅基集成光学轨道角动量发射器的制备与测试

在 2.2 节中已经介绍过，通过改变光束的波长 λ、等效折射率 n_{eff} 和微环半径 r 三个参数中的任一参数，就能实现对 OAM 纯态的拓扑荷数的调控。但是对于一个实际制成的器件，微环半径已经固定，并且入射光束的波长往往也难以实时改变，因而要实现对拓扑荷数的高速动态调控，最佳方式是改变波导模式的等效折射率。要实现等效折射率的改变，常用的方法是通过热光效应或者等离子色散效应[35]，两种方案各有利弊。

利用热光效应时，需要在微环上方制备热电极，通过加载电流来加热微环。由于硅材料的热光系数比较大，约为[116]

$$\frac{\partial n_{\mathrm{eff}}}{\partial T}=1.86\times 10^{-4}\mathrm{K}^{-1} \tag{2.8}$$

基于硅材料的热光效应，可以获得最大约 1% 的等效折射率的调制比。其中等效折射率的调制比的定义为

$$\eta=\frac{\Delta n_{\mathrm{eff}}}{n_{\mathrm{eff}}} \tag{2.9}$$

但是，热光效应的最大缺点在于其调制速度有限，典型的数值在 1～1000 kHz。

利用等离子色散效应时，需要在微环附近制备 PN 结。通过在 PN 结上加载不同的偏压，来实现电子浓度（n_{e}）和空穴浓度（n_{h}）的改变，进而改变等效折射率，在波长 1550 nm 附近等效折射率与载流子浓度的关系为[35]

$$\Delta n_{\mathrm{eff}}=-[8.8\times 10^{-22}\times \Delta n_{\mathrm{e}}+8.5\times 10^{-18}\times (\Delta n_{\mathrm{h}})^{0.8}] \tag{2.10}$$

基于等离子色散效应最大的优点在于可以实现高速的动态调控，典型的数值在 1～100 GHz 之间。但是，载流子密度改变也会带来材料损耗的增加，同样在波长 1550 nm 附近，硅材料损耗系数与载流子浓度的关系为[35]

$$\Delta\alpha=8.5\times 10^{-18}\times \Delta n_{\mathrm{e}}+6.0\times 10^{-18}\times \Delta n_{\mathrm{h}} \tag{2.11}$$

其中,α 表示硅材料损耗。改变等效折射率,不可避免地会增加波导损耗,这会改变光学微环的性能,比如 Q 值,并不利于实际应用。此外,等离子色散效应的调制比 η 最大仅在 0.1%的数量级,因此调控范围不如热光效应大。

尽管本研究小组在上述两种方案上都有较好的实验积累,但是考虑到器件的制备难度和损耗特性,本研究选择了利用热光效应来进行 OAM 发射器动态调控的原理验证。

2.3.1 制备流程

本研究小组在硅基集成器件的制备方面有着长期的经验积累,图 2.4 给出了制备热光调控硅基集成器件的工艺流程。

下面将对工艺流程进行简单地介绍。器件基于 SOI 晶圆制备,该晶圆

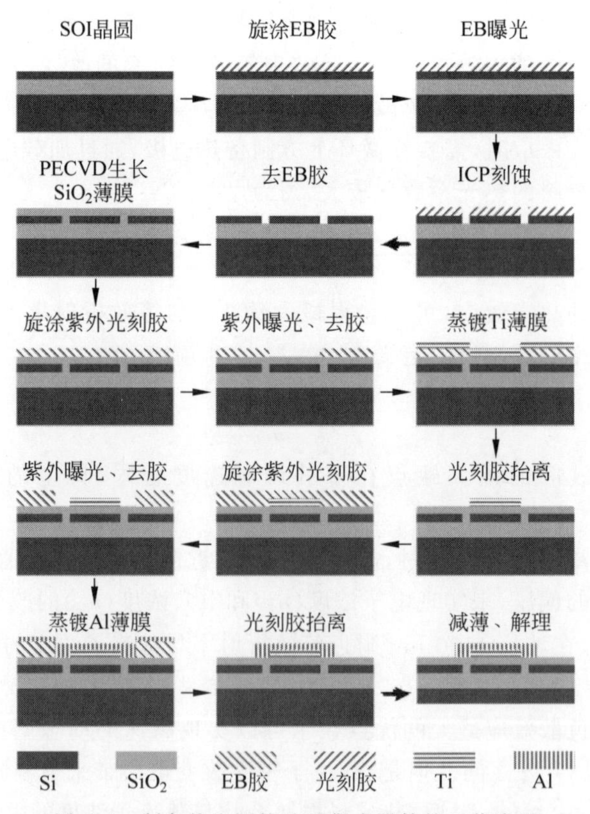

图 2.4 制备热光调控硅基集成器件的工艺流程

分为三层，最上一层是硅（Si）材料，厚度为 220 nm，中间一层为二氧化硅（SiO_2）材料，厚度为 3 μm，最下一层是硅材料，厚度约为 1 mm。

第 1 步，在经过丁酮、丙酮、酒精和去离子水清洗后的 SOI 晶圆上均匀旋涂电子束胶（EB 胶），作为微纳结构的图形掩膜。在本书中，使用了 ZEP520A 型的 EB 胶，具有较高的分辨率。

第 2 步，EB 曝光，这一步骤的精细度直接决定了器件的质量。通过电子束曝光，可以将有图形的区域上方的 EB 胶去除，仅保留没有图形的区域，这样就实现了器件图形到 EB 胶掩膜的转移。

第 3 步，用感应耦合等离子体（ICP）刻蚀方法，将没有 EB 胶覆盖的硅材料去除，实现了将图形转移到硅材料上。在本书中，使用了 O_2 和 SF_6 的混合气体来刻蚀硅材料。图 2.5 给出了经过 ICP 刻蚀后 SOI 晶圆截面的电镜照片。最上方覆盖的是 EB 胶，116.8 nm 表示了被 ICP 刻蚀掉的硅层厚度（总厚度 220 nm），下方还剩下一薄层的硅，再下方分别是 SiO_2 层和 Si 层。该截面结构对应的是浅脊波导。

图 2.5　经过 ICP 刻蚀后 SOI 晶圆截面的电镜照片

第 4 步，用有机溶剂丁酮洗去 EB 胶。这一步骤需要采用丁酮-酒精-去离子水的步骤反复进行，以确保 EB 胶被完整地洗去。若 EB 胶未完全去除，一方面会影响后续 SiO_2 薄膜生长的质量，另一方面残留的 EB 胶会对芯片形成污染，如图 2.6 所示，进而直接影响器件的性能。

第 5 步，用等离子体增强化学气相沉积（PECVD）方法在 SOI 上表面生长一层约 600 nm 厚的二氧化硅 SiO_2 薄膜，作为器件的保护层。在本书中，使用了硅烷 SiH_4 和笑气 N_2O 来进行化学反应，生成 SiO_2 薄膜。

第 6 步，旋涂紫外光刻胶，作为热电极图形掩膜。在本书中，使用了

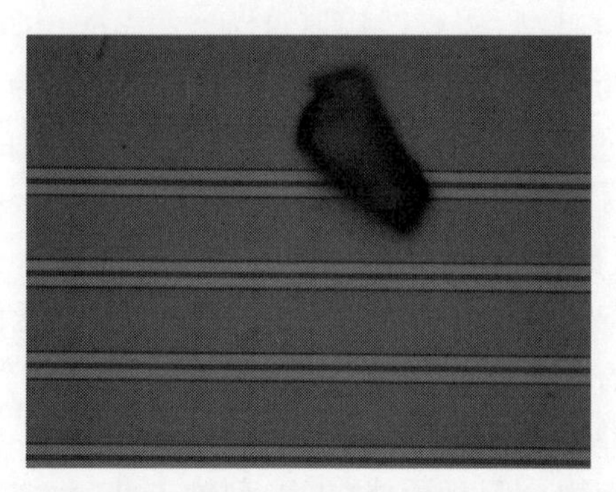

图 2.6　残留的 EB 胶对芯片形成污染(右上方黑色区域)

NR9-3000PY 型的光刻胶,这种光刻胶是一种负胶,被紫外光束曝光过的部分会被保留下来,而没有被曝光的部分则会被去胶液洗去。

第 7 步,透过光刻模板,用紫外光束对光刻胶进行曝光,而后用去胶液(一种有机溶剂)去胶,将光刻模板的图形转移到光刻胶上。图 2.7 给出了一个典型的光刻模板图形,在模板中,"+"用于光刻模板与芯片之间的校准,以确保该图形能够准确地落在集成器件的上方。

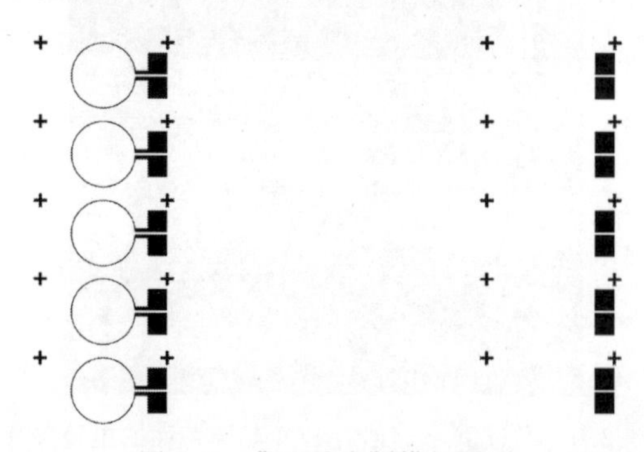

图 2.7　典型的光刻模板图形

第 8 步,蒸镀金属钛(Ti)薄膜。在本书中,Ti 电极的厚度为 100 nm。由于 Ti 电极的厚度较薄,电阻较大,因此其主要用途是加热下方的硅材料,被称为加热电极。

第 9 步,用有机溶剂丙酮将光刻胶抬离,由于没有被紫外光束曝光过的部分没有覆盖光刻胶,因此这部分 Ti 附着到了 SiO_2 保护层的上表面,不会被丙酮洗去。通过光刻和抬离步骤,顺利地基于 Ti 金属层生成了特定形状的电极。

第 10 步到第 13 步,重复第 6 步到第 9 步的流程,只是将金属钛(Ti)薄膜换为金属铝(Al)薄膜。在本书中，Al电极的厚度为300 nm，其导电性较好，与带直流偏压的金属探针保持接触，因此被称为接触电极。图2.8给出制作了Ti电极和Al电极的显微照片，图中颜色较亮的正方形为Al电极，Al电极旁边暗色长条形的为Ti电极，Ti电极在微环上方均有覆盖，呈开口圆环状，只需要在对应两个Al电极上加直流偏压，就可形成完整的回路。

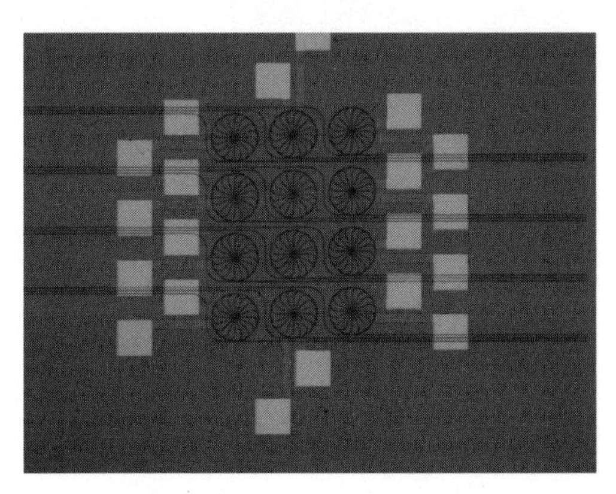

图2.8　制作的Ti电极和Al电极的显微照片(见文前彩图)

第14步，将SOI片最下一层Si减薄，并进行适当的解理，得到留有集成器件的最小芯片。此时减薄后的SOI片非常脆薄，很容易被破坏，需使用银浆将其小心黏附在条形硅片上，以保护减薄后的SOI片。

至此，硅基集成器件光学OAM发射器的制备流程就结束了。

2.3.2　测试系统

正如式(2.7)所示，角向/径向偏振的OAM纯态可以线性分解为左圆偏振部分和右圆偏振部分。为了在实验上测量得到OAM拓扑荷数，本书采用了圆偏振光干涉法，即对于拓扑荷数为l的角向/径向偏振的OAM纯态，左圆偏振参考光的等幅干涉将对应$l+1$的螺旋干涉图样，而右圆偏振参考光的等幅干涉将对应$l-1$的螺旋干涉图样。

据此，如图2.9所示，测试系统将包括三部分：光纤波导耦合光路、垂直耦合光路和圆偏参考光路。可调激光器(Tunable Laser，型号Santec TSL-210F)的光束通过光纤进入到偏振控制器(Polarization Controller)中，以得到合适光纤波导耦合的偏振态。之后光束分为两路，其中99%的能量进入光纤波导耦合光路，通过拉锥光纤耦合进入集成器件(Integrated Device)的波导，最后进入微环。微环上方的超长工作距离(SLWD)的物镜

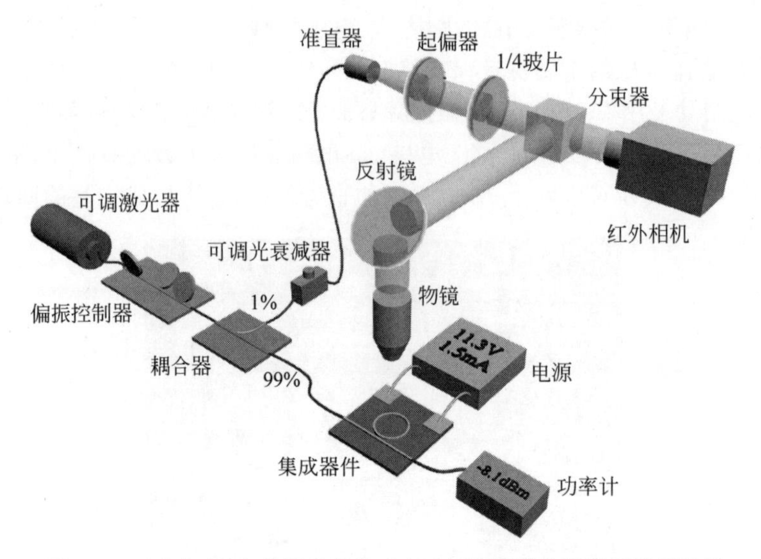

图 2.9 对角向/径向偏振光束的 OAM 拓扑荷数的测试系统示意图

(Objective Lens,50×,型号 Nikon T Plan)将微环附近光栅散射的携带 OAM 的光束进行垂直耦合,并通过反射镜(Mirror)和分束器(Beam Splitter)引向红外相机(Infrared Camera 或 CCD,型号 Electrophysics 7290A)。另一路只有 1%的能量,通过可调光衰减器(Variable Optical Attenuator)、准直器(Collimator)、起偏器(Polarizer)和 1/4 玻片(1/4 Wave Plate)得到与携带 OAM 光束等幅的圆偏振光束,再经分束器引向红外相机,并在此处得到垂直耦合光路和圆偏参考光路两路的干涉图样。热光调控通过电源(Electric Power Source,型号 Agilent B2901A)在热电极上加载稳定的直流偏压来实现。在光纤波导耦合光路的末端,放置了功率计(Power Meter,型号 Agilent 8163A),能够帮助光纤波导进行更好的耦合,并监控微环的透射谱。

为了搭建以上测试系统,本研究小组的已有芯片测试系统需要进行改进,加入了物镜、透镜阵列、分束器、可见光相机(可见光 CCD)和红外相机(红外 CCD),实物照片如图 2.10 所示。该测试系统中,较为关键的是垂直耦合光路,图 2.11 中放大的部分即为该光路。在本书中,为了使电源探针与加热电极保持较好的接触,芯片与物镜之间需要预留一定的空间,特采用了超长工作距离(SLWD)的物镜。

下面介绍测试系统的具体使用步骤和流程:

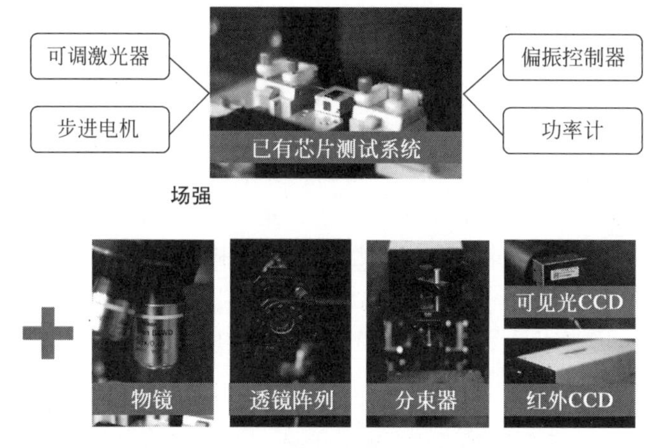

图 2.10　对已有芯片测试系统的改进

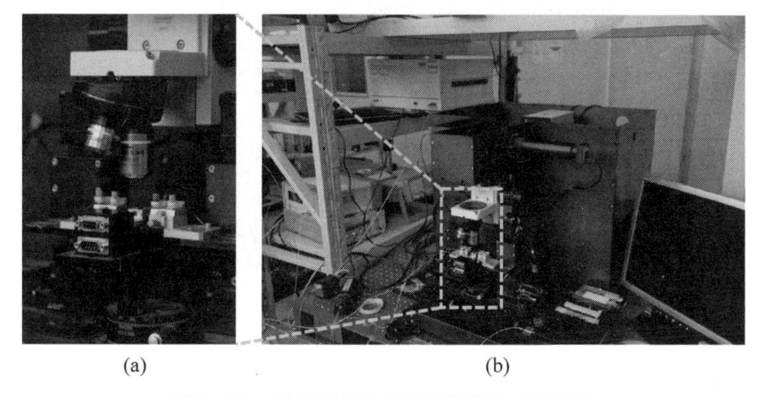

图 2.11　测试系统(a)与垂直耦合光路(b)

(1) 首先，需要在另外的 SOI 晶圆上制备带有垂直耦合光栅的直波导结构，光束可由该直波导的任意一端输入，传播一定距离之后，通过光栅结构垂直耦合到直波导的正上方，剩余能量继续传播至直波导的另一端。该芯片制备完之后，可多次重复使用，主要目的在于对垂直耦合光路和圆偏参考光路进行校准，称为校准芯片。在本书中，使用了浅脊直波导结构，其光栅周期约为 630 nm，占空比为 50%，浅脊深度为 70 nm，Si 层整体厚度为 220 nm，波导宽度 1 μm。这样的光栅结构经过了本研究小组的多次测试，具有较好的垂直耦合性能。

(2) 将校准芯片放置于芯片台上，反复调节偏振控制器和步进电机，通过监测功率计的数值，将输入、输出耦合光纤与直波导的两端进行对准。一般而言，该步骤需要较长的对准时间，目标是使输出功率的数值最大化，此时光纤与直波导的耦合是最好的，该步骤的对准精度在约 10 nm 级别。

(3) 完成芯片对准之后，先将上方的物镜切换到低倍数，例如 10×(表示 10 倍，下同)，而后通过其将光栅散射的光束汇集，再经过反射镜和分束器到达红外相机处。此时，需要不断调整分束器和红外相机的位置和高度，使得光束能够较好地落在红外相机接收屏幕的中心位置。之后，调整为 50×的物镜，再细调分束器和红外相机的位置和高度，进一步校准光束落在接收屏幕的中心位置。图 2.12 给出了校准芯片的光栅散射光束在红外相机上的成像，该光束呈条状，由于光束是从左向右传播，因此该散射光束从左至右强度逐渐衰减。

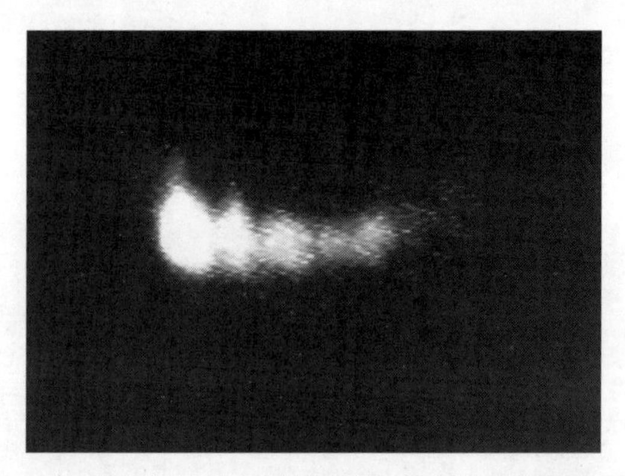

图 2.12 校准芯片的光栅散射光束在红外相机上的成像

(4) 粗略校准图 2.11 所示测试系统上方的圆偏参考光路。首先，将红光激光器作为准直器的输入，逐一对其中的准直器、起偏器、1/4 玻片进行准直，使这三个元器件能够与分束器和红外相机保持在同一水平面上，此时红色激光器的红色光斑能够较好地落在红外相机接收屏幕的中心位置(需加上盖子保护红外相机的接收屏幕)。至此，圆偏参考光路完成了粗略对准。

(5) 将准直器的输入光纤连接到可调光衰减器上，并将可调光衰减器通过耦合器与光纤波导耦合光路相连。此时，从准直器发出的光束将与校准芯片的光栅散射的光束具有相干性。需要调整起偏器和 1/4 玻片的旋转角度，使得准直器出来的光束与光栅散射的光束保持一致的偏振方向，以便后期进行干涉实验。

(6) 通过红外相机观测，两束光束要能同时落在红外相机接收屏幕的中心位置，若未能落在中心位置，则需要重新调整准直器、起偏器、1/4 玻片、分束器和红外相机的位置。

（7）调整可调光衰减器，使两束光束的能量大致匹配。在本书中，由于波导的耦合损耗较大，典型的耦合器能量配比为 1∶99，即大部分能量都进入了光纤波导耦合光路。

（8）在上一步骤基础上，不断细调圆偏参考光路的准直器和分束器的俯仰角、水平偏角等参数，一方面要保证两束光束能在空间上重合并落在接收屏幕的中心位置，另一方面要使得两束光束逐渐产生清晰的干涉条纹。图 2.13 给出了校准芯片的光栅散射光束与参考光束（线偏振）的干涉条纹。在此基础上，需要进一步细调准直器和分束器，使得两束光束经过分束器后更好地准直，干涉条纹将逐渐靠近等厚干涉的中心，呈现圆环状的干涉图样。此时，集成器件经过垂直耦合光路到达红外相机的光束与圆偏参考光路的光束已经基本校准完毕。

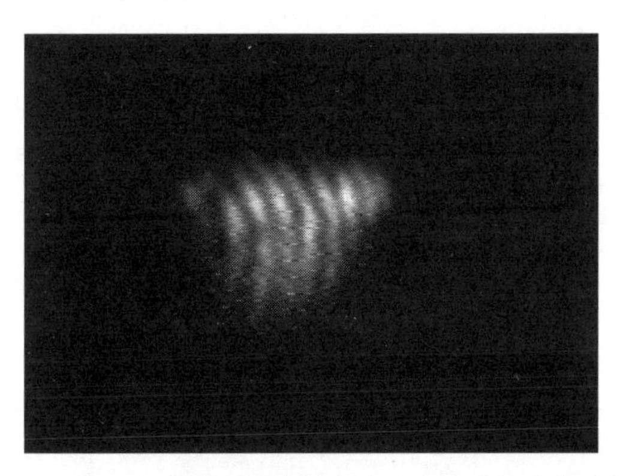

图 2.13　校准芯片的光栅散射光束和参考光束的干涉图样

（9）将校准芯片置换为待测试的集成光学 OAM 发射器。首先，将输入、输出耦合光纤与输入、输出波导进行对准，用激光器的扫频功能得到光学微环的频谱。将输入光的波长固定在某一谐振峰处，此时集成器件发射的光束将携带有 OAM。

（10）进一步，需要再次调整起偏器和 1/4 玻片的旋转角度，使得准直器出来的光束具有左圆偏振或者右圆偏振，之后与 OAM 光束进行干涉，一般此时能得到较好的干涉图样，如图 2.14 所示。遍历不同的频谱点，即可得到携带不同拓扑荷数的 OAM 光束。若干涉效果不好，则说明两束光束的准直性依然不够理想，需要再次微调准直器和分束器的相关参数。

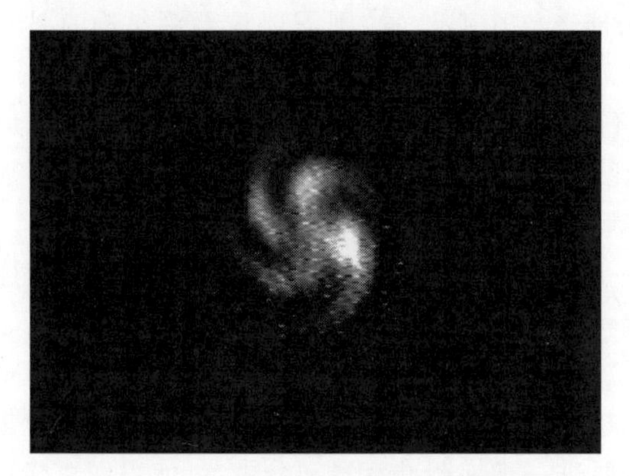

图 2.14　OAM 纯态的典型干涉图样

2.4　蛛网型光学轨道角动量发射器

针对 1.3.1 节的关键问题 1,如何基于硅基集成器件,实现 OAM 纯态的大范围动态调控,从而为提高单位能耗的传输速率奠定基础,本书提出并实现了如图 2.15 所示的蛛网型光学 OAM 发射器,具有大动态范围。该发射器具有完整的光学微环结构(直波导和环状波导),在环状波导内还有 $M=16$ 个下载臂及末端的散射单元,所有的散射单元构成了完整的光栅结构。此外,在微环上方制备了热电极,通过热光效应实现等效折射率的改变,进而实现 OAM 纯态的动态调控,输入光束的波长约为 1550 nm。由于光栅形

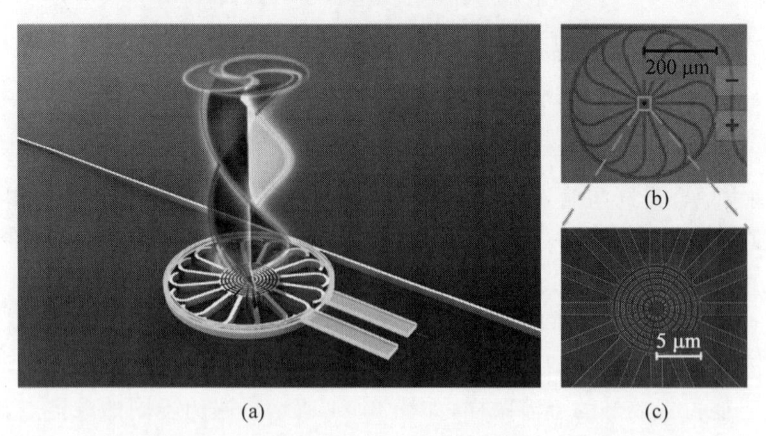

图 2.15　蛛网型光学 OAM 发射器的效果图(a)
以及实际制备器件的电子显微照片(b)和电镜照片(c)(见文前彩图)

似蜘蛛网，因而将具有这种蛛网形光栅结构的发射器称为蛛网型光学OAM 发射器。

本书提出和设计的蛛网型光学 OAM 发射器在结构上与其他方案的最大不同在于光栅与微环空间分离，而不是附着在环状波导上[32,42]。这样的分离设计，可以分别优化两个部分。微环和输入光束波长一起决定了回音壁模式数，而光栅则决定了光束的偏振态、聚焦能力和光腰等特性。两个部分的独立优化使得集成器件的设计和制备更加灵活。

2.4.1　基本原理

首先，根据式(2.1)和式(2.9)给出拓扑荷数动态范围(向下取整)：

$$\Delta l = \Delta N = \left\lfloor \frac{2\pi r \Delta n_{\text{eff}}}{\lambda} \right\rfloor = \left\lfloor \frac{2\pi r n_{\text{eff}}}{\lambda} \eta \right\rfloor \tag{2.12}$$

在实验中，调制比 η 可以通过热光效应改变，这为 OAM 纯态的动态调控提供了基础。为了进一步获得较大的动态范围，可能的方案是尽量减小波长 λ、增大等效折射率 n_{eff} 或增大微环半径 r，使得调制比 η 获得较大的“系数”。考虑到波长 λ 已经固定在通信波段 1550 nm 附近，并且等效折射率取值限制在 Si 的折射率(约 3.46)与 SiO_2 的折射率(约 1.44)之间，因而增大微环半径是最可行的方案，代价是会增加器件所占据的空间。图 2.16 给出了在不同调制比 η 下，拓扑荷数动态范围 Δl 随微环半径 r 的变化情况。拓扑荷数动态范围与微环半径有直接的线性关系，同时，增大调制比也能增加动态范围。

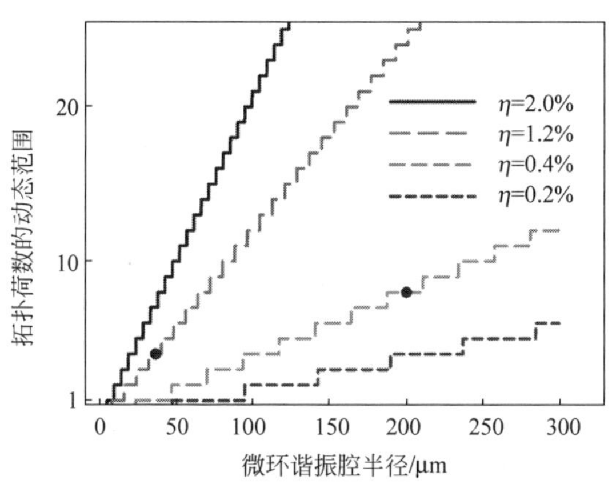

图 2.16　在不同调制比下拓扑荷数动态范围随微环半径的变化情况(见文前彩图)

图 2.16 还将已报道工作[70](图中左边圆点，$\Delta l=4$)和本工作(图中右边圆点，$\Delta l=8$)进行了对比。微环与光栅空间分离的结构，使得在扩大微环半径的同时，并不会影响光栅的结构，也不会影响光束的质量。所以尽管本工作的最大调制比只有之前工作的 1/3，但得益于较大的微环半径，最终仍然实现了两倍的变化范围。若进一步提高调制比，有望实现更大的动态范围。

进一步，还需要优化之前工作中的光栅结构[34]。原有光栅结构主要问题在于：第一，散射单元分布比较分散，不利于在自由空间汇聚成束，容易形成分离的光斑；第二，散射单元数目较少，不利于获得高质量的 OAM 纯态，尤其当拓扑荷数较大时，这一问题更加明显。图 2.17 给出了原有光栅结构散射的光束模场分布，不难发现光斑数目较少，而且彼此间距较大，并未形成完整的光环或光斑。因此，对原有光栅结构的改进方向是增加散射单元的数目，缩小散射单元之间的距离。

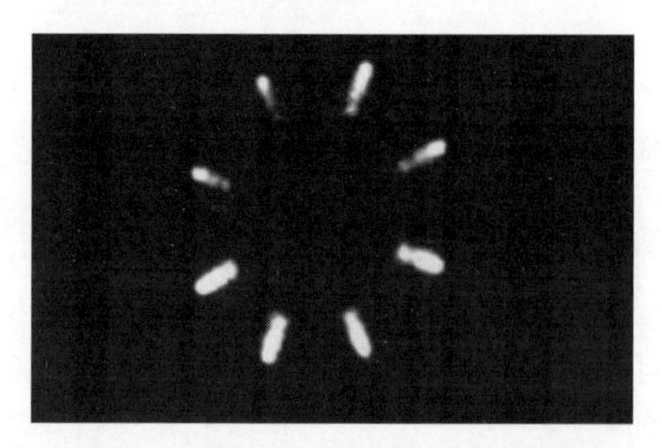

图 2.17 原有光栅结构散射的光束模场

为了解决以上两个问题，本工作优化了光栅结构设计，使其更加紧凑，同时增加了散射单元的数目，从原有的 8 个散射单元增加为 16 个，如图 2.18 所示。

图 2.19 给出了蛛网型光栅结构散射的光束模场分布，所有的分立光斑已经汇聚成圆环状，提高了 OAM 光束的质量。但与此同时，不难发现这样的光环其实并不圆滑，这主要是由器件制备过程中所引入的工艺误差导致。

2.4.2 数值计算和结果分析

接下来，用时域有限差分法(FDTD)和有限积分法(FIT)对器件的性能进行仿真数值计算。由于光栅整体的面积较大，在仿真软件中难以直接计算，所以首先计算了单一下载臂末端散射单元上方的光场分布，再对所有

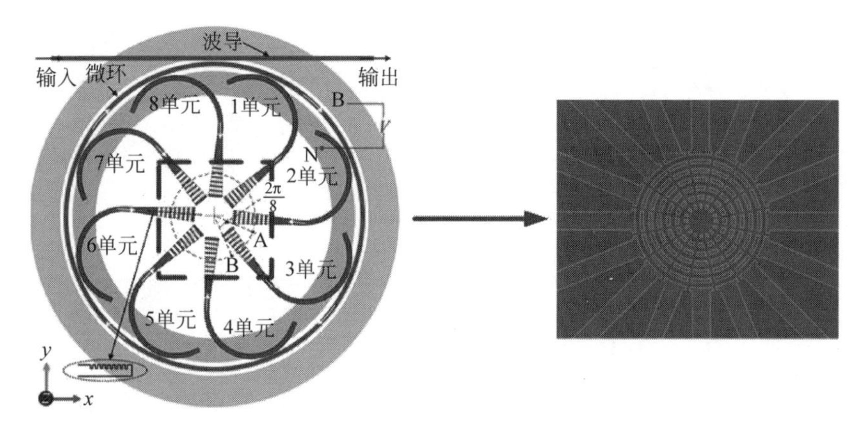

图 2.18　对光栅结构的设计优化——蛛网形光栅结构

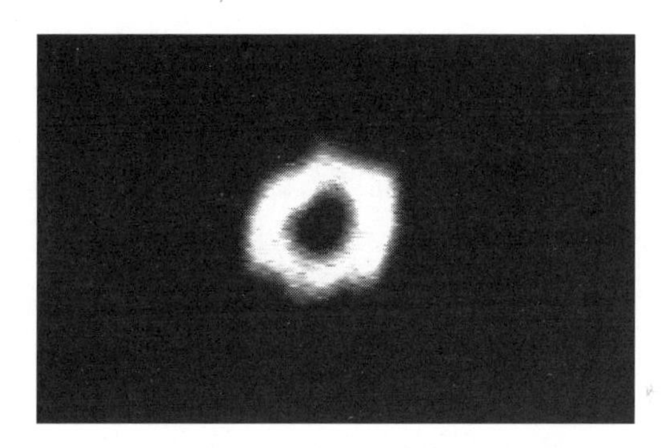

图 2.19　蛛网形光栅结构散射的光束模场

16 个这样的光场进行线性叠加，得到最终光束的模场分布。图 2.20(a)给出了散射单元的结构参数。为了减少传输损耗，发射器采用了浅脊波导结构。光栅的周期是 630 nm，占空比为 50%，这样的参数设计比较合适波长 1550 nm 附近的光束垂直发射。图 2.20(b)给出了在浅脊波导中准 TE 模的场强分布，x 方向上的横电场占主导。因此，最终的 OAM 纯态将是角向偏振的矢量光束。图 2.20(c)和(d)给出了散射单元上方电场强度的侧视图和俯视图(于光栅表面上方 2 μm 处)。尽管大多数能量在下载臂末端的散射单元处已经被散射了(图中用罗马数字 Ⅰ 表示)，仍然有一部分能量继续传播，在对面的散射单元处被散射(图中用罗马数字 Ⅱ 表示)。由于所有散射单元第二级散射的光场与第一级散射的光场具有相同的相对相位关系，因而它们具有同样的拓扑荷数。这两部分光场将最终整体叠加为 OAM 纯态。

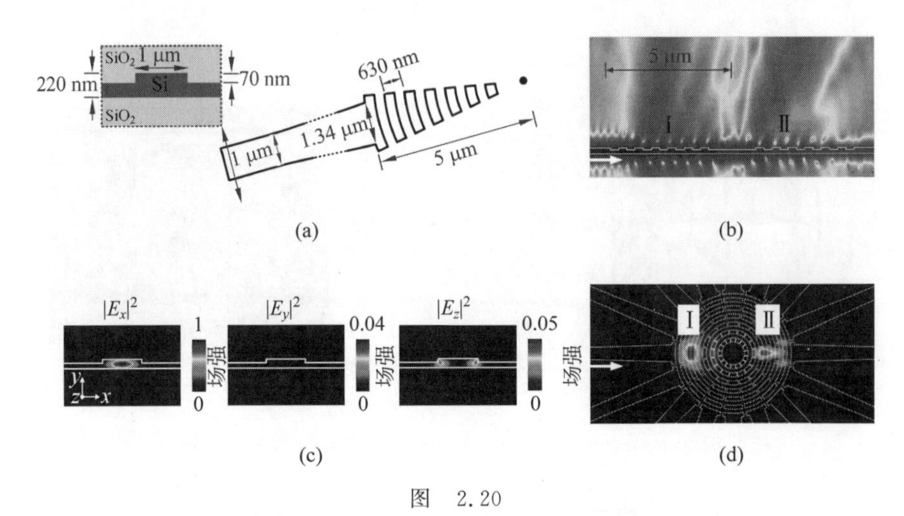

图 2.20

(a) 散射单元的结构；(b) 浅脊波导中准 TE 模的电场分布；散射单元上方场强分布的侧视图(c)和俯视图(d)(见文前彩图)

在获得单个散射单元光场分布的基础上，通过角向复制和叠加，得到了光束的场强分布和角向分量的相位分布($l=-3$ 和 $l=5$)，如图 2.21(a)所示。OAM 纯态的拓扑荷数可以通过相位分布来判断，即沿着角向变化了多少个 2π。

对于一个实际的器件，微环中的回音壁模式在传播过程中是有传输损耗的，并且伴随着能量耦合到下载臂，还有额外的损耗。但由于浅脊波导的传输损耗比较小(约 2 dB/cm)，这里仅考虑耦合损耗。从不同散射单元发射出的光场能量并不均匀，而是构成了几何级数。这里定义了损耗系数 α，用来表示光束经过一次耦合下载臂之后剩下的能量。经过数值计算，得到 $\alpha\approx0.94$，其中直波导和环状波导的间距为 230 nm，环状波导和下载臂的间距为 350 nm。

损耗会导致光束的场强和相位畸变，为了定量研究畸变程度，引入了模式纯度分析的方法[42,117]。角向偏振的光束能够傅里叶分解为

$$\boldsymbol{E}_t(\rho,\varphi)=\sum_{l=-\infty}^{\infty}E_{tl}(\rho)\mathrm{e}^{-\mathrm{j}l\varphi} \tag{2.13}$$

其中，

$$E_{tl}(\rho)=\frac{1}{2\pi}\int_0^{2\pi}E_t(\rho,\varphi)\mathrm{e}^{\mathrm{j}l\varphi}\mathrm{d}\varphi \tag{2.14}$$

进一步，将映射到拓扑荷数 l 分量的能量占比定义为模式纯度

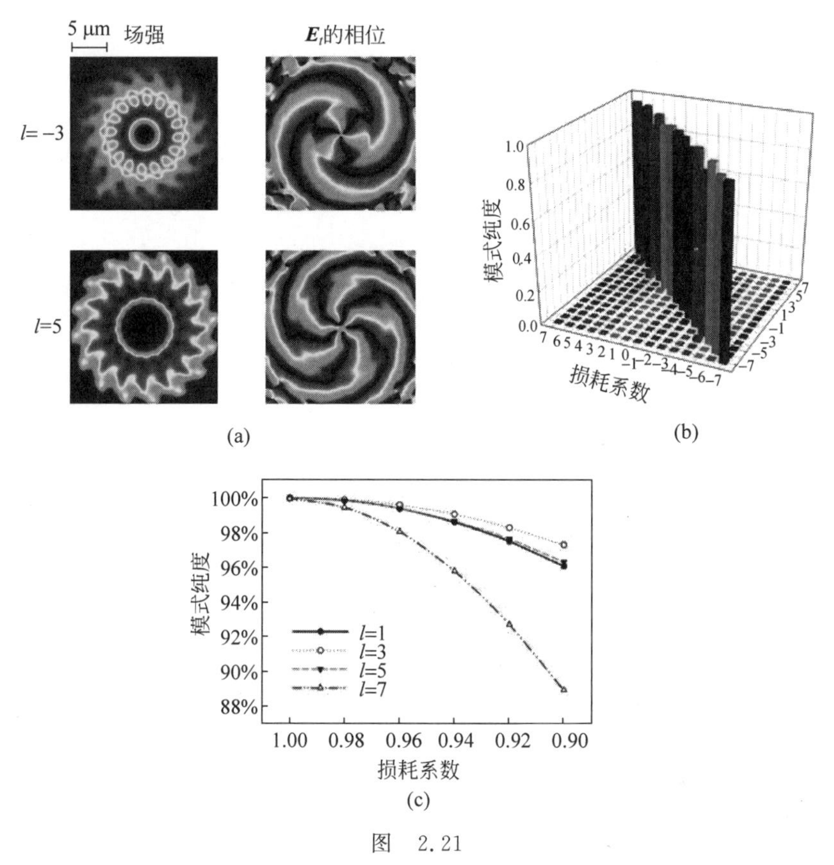

图　2.21

(a) 数值计算出 OAM 纯态(不考虑损耗)的强度和相位分布；(b) 考虑损耗后，不同 OAM 纯态的模式纯度；(c) 模式纯度随损耗系数的变化(见文前彩图)

$$c_l = \frac{2\pi\int_0^\infty \mid E_{tl}(\rho) \mid^2 \rho \mathrm{d}\rho}{\int_0^{2\pi}\int_0^\infty \mid \boldsymbol{E}_t(\rho,\varphi) \mid^2 \rho \mathrm{d}\rho \mathrm{d}\varphi} \tag{2.15}$$

图 2.21(b)给出了考虑损耗后光束($l=-7\sim7$)的模式纯度，展开基也为$-7\sim7$，并对每个光束不同分量的模式纯度进行了归一化。结果显示，拓扑荷数与预设值相同分量的模式纯度多数超过了 95%，其中最大的为 99%($l=\pm3$)，最小的为 91%($l=\pm4$)，这意味着所产生的 OAM 纯态具有较好的质量和纯度。更进一步，考虑到实际制备过程中可能引入的结构误差，图 2.21(c)给出了拓扑荷数与预设值相同分量的模式纯度随损耗系数的变化。尽管随着损耗系数的减小(即实际损耗增大)，该模式纯度会不断下降，

但即使在损耗系数跌落到0.90时，多数OAM纯态的模式纯度依然超过了90%。这意味着该方案对工艺误差具有较好的鲁棒性。

2.4.3 动态调控测试结果

在附录A中，给出了蛛网型光学OAM发射器的静态特性，即通过改变输入光束的波长来改变OAM纯态的拓扑荷数。该结果验证了器件设计、工艺制备的正确性，为动态调控测试奠定了基础。

在进一步的实验中，将固定输入光束的波长，通过热光效应实现对OAM纯态拓扑荷数的动态调控。首先为了确定谐振波长，测试了器件的透射谱，结果如图2.22(a)所示。其中，小幅度的波动是由于波导输出、输出耦合端面形成谐振腔而导致的。图中每个谐振峰对应不同的回音壁模式，因而会产生不同拓扑荷数的OAM纯态。

实验中，选择输入光束波长为1550.49 nm，对应的OAM纯态拓扑荷

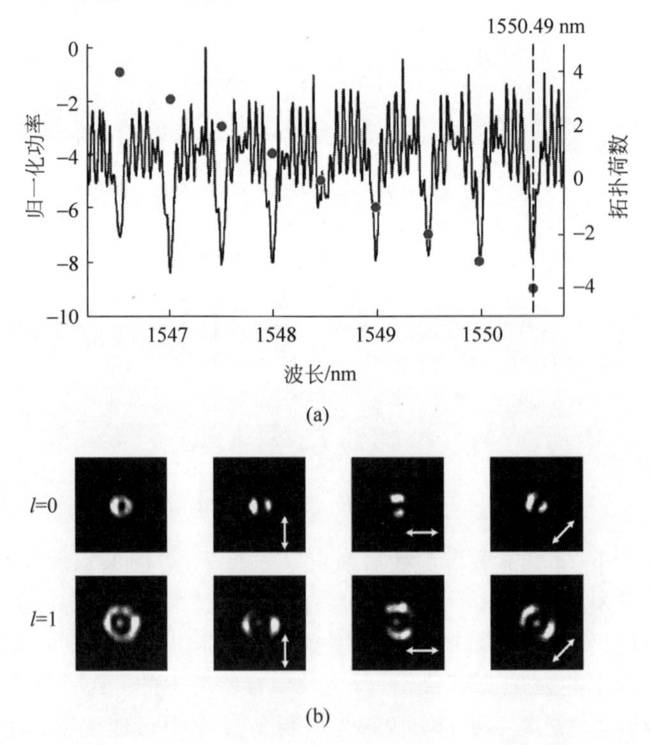

图 2.22

(a)蛛网型集成光学OAM发射器的透射谱；(b)实验验证光束的角向偏振特性(见文前彩图)

数为－4。在如图 2.23 所示的实验结果中，左圆偏振(LHCP)光束与 OAM 纯态的干涉图样具有 3 条干涉图样，螺旋方向为顺时针，表示左圆偏振分量的拓扑荷数为－4＋1＝－3，右圆偏振(RHCP)光束与 OAM 纯态的干涉图样具有 5 条干涉图样，螺旋方向也为顺时针，表示右圆偏振分量的拓扑荷数为－4－1＝－5。同时，在实验结果下方还给出了根据数值计算得到的仿真结果，尽管由于发射器功率不足，造成实验结果的干涉图样并不够十分清晰，但实验结果和仿真结果仍然十分吻合。

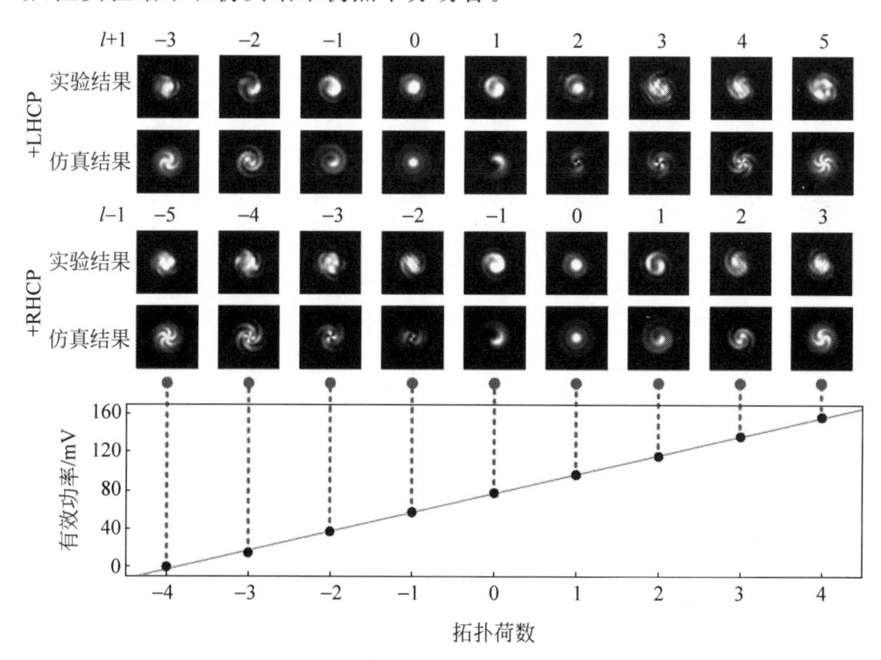

图 2.23　蛛网型光学 OAM 发射器实现 OAM 纯态的大范围动态调控

下一步，通过在热电极上加载偏置电压，电流会使得微环附近的温度升高，进而提高等效折射率，使整个透射谱发生红移，进而得到不同拓扑荷数的 OAM 纯态。无论是仿真结果还是实验结果，OAM 纯态与左圆偏振和右圆偏振光束的干涉图样均满足之前的理论推导结果。

在实验中，尽管最大调制比仅为 0.4%，但仍然实现了 9 个不同拓扑荷数 OAM 纯态的动态调控。若进一步增加散射单元的数目，则有望通过提高最大调制比，获得更大的动态范围，这也表明了蛛网型光学 OAM 发射器的动态范围还有较大的提升空间。

进一步，为了获得能直接加热硅材料的有效功率的大小，进而得到相邻拓扑荷数的 OAM 纯态的有效调控驱动功率,需要分别得到加热电极和接触电极的电阻值。在接下来的实验中,使用了相同的原材料和工艺流程,制备了 4 种不同的热电极样品,热电极的 Ti 薄膜和 Al 薄膜的厚度分别为 100 nm 和 300 nm,并且保持不变,长度和宽度分别为

样品 1: 长度 500 μm,宽度 8 μm;

样品 2: 长度 3100 μm,宽度 6 μm;

样品 3: 长度 1200 μm,宽度 4 μm;

样品 4: 长度 1200 μm,宽度 3 μm。

根据以上数据,设具有特定厚度、单位长度和单位宽度的 Ti 薄膜和 Al 薄膜的电阻率为未知数,联立求解 4 个二元一次方程,找到具有最小残差的解。根据求解出的电阻率,计算得到所制备的蛛网型光学 OAM 发射器的接触电阻约为 1900 Ω,加热电阻约为 6300 Ω。由于在电流一定的情况下,功率与电阻大小成正比,而相邻拓扑荷数的 OAM 纯态的总调控驱动功率约为 26 mW,因此有效调控驱动功率约为 20 mW。

此外,实验中还验证了光束的角向偏振性质,即在红外相机前加放起偏器,如图 2.22(b)所示,光束模场分布会随着起偏器的旋转而发生改变,证明了其角向偏振的矢量光束特性。

正如在前文中所讨论的,较大的微环半径有利于实现 OAM 拓扑荷数较大的动态范围。那相邻拓扑荷数的有效调控驱动功率是否也会随着微环半径的增加而增大呢? 为了研究微环谐振腔半径与有效调控驱动功率之间的关系,首先引入了加热电极单位长度上有效功率密度的概念,记为 P_0。不难发现 OAM 拓扑荷数的动态范围与有效功率密度成正比,即 $\Delta l \propto 2\pi r P_0$。同时,根据式(2.12),OAM 拓扑荷数的动态范围与调制比 η 呈线性关系,即 $\Delta l \propto 2\pi r \eta$。这意味着,在一定但足够大的温度范围内,调制比和有效功率密度也服从线性关系,即 $\eta \propto P_0$。扩大微环的半径,则环状加热电机的半径也随之扩大($r \rightarrow r'$),这会使得有效功率密度从 P_0 下降到 P_0',而相应地,调制比从 η 下降到 η'。由于假设加热电极的宽度和厚度保持一致,调制比 η' 满足 $\eta' = \eta r / r'$,可进一步得到 $\eta' r' = \eta r$,即下降的调制比被增加的微环半径所补偿了。根据式(2.12),微环半径扩大后的拓扑荷数动态范围并未改变,即 $\Delta l' = \Delta l$。因此,这里可以得出结论,在加热电极上的总有效功率恒定的前提下,扩大微环半径并不会改变相邻拓扑荷数的有效调控驱动功率。

在本书中,基于微环正上方的环状加热电极,利用热光效应成功实现了

大动态范围的 OAM 拓扑荷数的调控。根据作者所在研究小组的相关工作[118]，该器件的调制速率应为 10～15 kHz。如果需要更快的调制速率，则需要利用等离子色散效应。例如，在文献[119]中，利用 P-I-N 结构，调制速率达到了 10 GHz。值得关注的是，其 $V_{\pi}L$ 数值仅约 0.36 V-mm，可以有效地缩小发射器中微环的半径。假设所加直流偏压的数值约 40V，与本书中的数值相近，则实现同样的动态范围，仅需要半径 22.9 μm 大小的微环。事实上，也有文献报道了高达 42.7 GHz 的调制速率[120]。进一步，如果采用聚合物-硅的复合材料体系，调制速率有潜力达到 100 GHz，甚至更高[121]。

由于微环和光栅的空间分离，蛛网型光学 OAM 发射器有望实现多样化的偏振态。具体而言，不同结构的二维光栅能够散射具有不同偏振的光斑[122-124]。例如，通过控制两束具有垂直偏振角度的光束的相对幅度和相位，可以实现不同偏振态的 OAM 纯态，包括但不限于角向偏振、径向偏振、圆偏振和椭圆偏振。此外，如果采用闪耀光栅结构，则可以实现单向发射[125,126]，提高效率。

事实上，散射单元的有限数目也影响了光束的角向分辨率和拓扑荷数的取值范围。在本书中，研究了具有 16 个散射单元的蛛网型光学 OAM 反射器。但散射单元的数目可以增加到 32 个或者更多，与此同时，这将对器件设计和工艺制备提出更苛刻的要求。毋庸置疑的是，散射单元的数目越多，OAM 纯态的光束质量将越好。

2.5　齿轮型光学轨道角动量发射器

针对关键问题 2 中如何基于集成器件实现可动态调控的 OAM 叠加态的问题，本研究提出并实现了如图 2.24 所示的硅基集成蛛网型光学 OAM 发射器。由于该器件也可以产生齿轮光这种特殊的 OAM 叠加态，因此被称为齿轮型光学 OAM 发射器。

2.5.1　基本原理

OAM 叠加态是指具有不同拓扑荷数的若干 OAM 纯态的线性叠加。其中一种特殊的叠加态仅包含两种拓扑荷数相反的 OAM 纯态，这样的光束可以实现旋转速度匀速可控、旋转半径不变的微粒操控。为了能在集成器件上产生这样的 OAM 叠加态，本书提出的方案是：在同一光学微环内

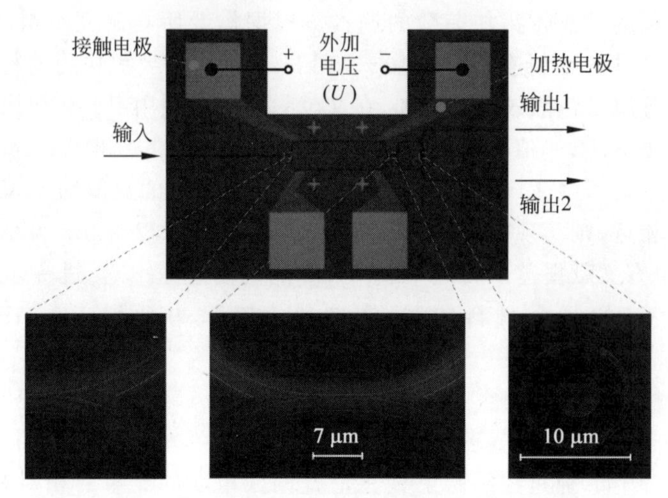

图 2.24 齿轮型光学 OAM 发射器

产生传播方向相反的两个回音壁模式，由于它们具有完全相反的相位梯度，所以能产生拓扑荷数相反的 OAM 纯态。通过改变这两个回音壁模式的幅度或能量比，可以调控两种 OAM 纯态的占比，进而改变光束整体的 OAM 数值。图 2.25 是齿轮型光学 OAM 发射器的结构示意图，与蛛网型光学 OAM 发射器不同的，这里采用了条状波导而非浅脊波导。

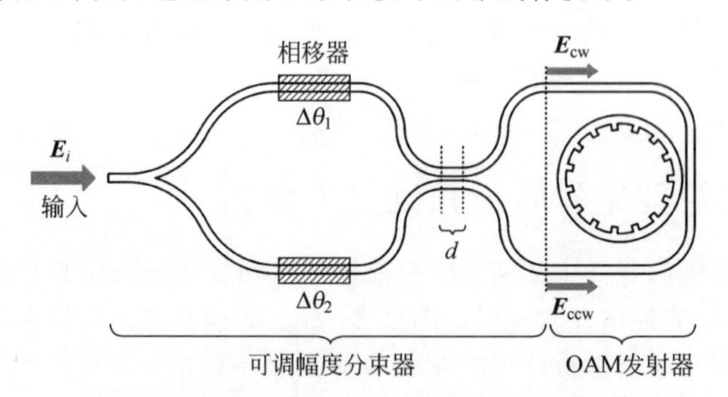

图 2.25 齿轮型光学 OAM 发射器的结构示意图

器件包括了可调幅度分束器(VAS)和标准 OAM 发射器[32]两部分：VAS 能将输入光束分为两束(顺时针光束 $\boldsymbol{E}_{\mathrm{cw}}$ 和逆时针光束 $\boldsymbol{E}_{\mathrm{ccw}}$)，并通过热光效应实现两束能量的任意、动态分配；两路光束进入 OAM 发射器后，成为传播方向相反的回音壁模式，并产生拓扑荷数相反的 OAM 纯态。两束拓扑荷数相反的 OAM 纯态会在器件上方的自由空间线性叠加，成为 OAM 叠加态。

具体地，波导中的准TE模进入VAS之后，Y分支会将其均分为上下两束。通过热光效应改变波导的等效折射率，实现上下两路的相移功能，引入的相移分别记为 $\Delta\theta_1$ 和 $\Delta\theta_2$。之后的定向耦合器可以将这两束光耦合，并再次分解为 $\boldsymbol{E}_{cw}$ 和 $\boldsymbol{E}_{ccw}$[127]：

$$\begin{pmatrix}\boldsymbol{E}_{cw}\\ \boldsymbol{E}_{ccw}\end{pmatrix}=\begin{pmatrix}\cos(\kappa d) & -\mathrm{j}\sin(\kappa d)\\ -\mathrm{j}\sin(\kappa d) & \cos(\kappa d)\end{pmatrix}\begin{bmatrix}\frac{\sqrt{2}}{2}\boldsymbol{E}_i\mathrm{e}^{\mathrm{j}\Delta\theta_1}\\ \frac{\sqrt{2}}{2}\boldsymbol{E}_i\mathrm{e}^{\mathrm{j}\Delta\theta_2}\end{bmatrix}=\begin{pmatrix}A_{cw}\boldsymbol{E}_i\mathrm{e}^{\mathrm{j}\Delta\theta_{cw}}\\ A_{ccw}\boldsymbol{E}_i\mathrm{e}^{\mathrm{j}\Delta\theta_{ccw}}\end{pmatrix} \tag{2.16}$$

其中，d 是耦合距离，κ 是定向耦合器的耦合系数，振幅(A_{cw}，A_{ccw})和相位($\Delta\theta_{cw}$，$\Delta\theta_{ccw}$)由下式给出：

$$\begin{cases}A_{cw,ccw}=\sqrt{\dfrac{1\mp\sin(2\kappa d)\sin(\Delta\theta_1-\Delta\theta_2)}{2}}\\ \Delta\theta_{cw,ccw}=\arctan\left[\dfrac{\cos(\kappa d)-\sin(\kappa d)}{\cos(\kappa d)+\sin(\kappa d)}\tan\left(\pm\dfrac{\Delta\theta_1-\Delta\theta_2}{2}+\dfrac{\pi}{4}\right)\right]+\\ \qquad\dfrac{\Delta\theta_1+\Delta\theta_2}{2}-\dfrac{\pi}{4}\end{cases} \tag{2.17}$$

在VAS中，忽略传输损耗的散射损耗，满足能量守恒式：

$$|\boldsymbol{E}_{cw}|^2+|\boldsymbol{E}_{ccw}|^2=(A_{cw}^2+A_{ccw}^2)|\boldsymbol{E}_i|^2=|\boldsymbol{E}_i|^2 \tag{2.18}$$

这里，定义幅度比例为[84]

$$r=\frac{|\boldsymbol{E}_{cw}|-|\boldsymbol{E}_{ccw}|}{|\boldsymbol{E}_{cw}|+|\boldsymbol{E}_{ccw}|}=\frac{A_{cw}-A_{ccw}}{A_{cw}+A_{ccw}} \tag{2.19}$$

当给定 $\sin(2\kappa d)$ 的数值时，幅度比例 r 仅由相移差 $\Delta\theta_1-\Delta\theta_2$ 来决定。当 $\sin(2\kappa d)=\pm1$ 时，r 的取值范围是[−1,1]。这样，通过热光效应改变相移差 $\Delta\theta_1-\Delta\theta_2$，就能够实现对幅度比例的调控。

标准OAM发射器对应的OAM纯态拓扑荷数满足[32]：

$$l=N-N_{\mathrm{Grating}} \tag{2.20}$$

其中，N 是回音壁模式数，N_{Grating} 是光学微环内壁所均匀排列的散射单元数目。在文献[32]中，仅考虑了一种输入光束 $\boldsymbol{E}_{ccw}$。这里同时考虑两种输入光束，$\boldsymbol{E}_{cw}$ 产生与 $\boldsymbol{E}_{ccw}$ 相反的拓扑荷数，并满足以下关系：

$$-l_{cw}=l_{ccw}=l \tag{2.21}$$

当输入光束波长 λ 和功率给定时，$\boldsymbol{E}_{cw}$ 和 $\boldsymbol{E}_{ccw}$ 的散射功率 P_{scat} 将完全相

同。被散射单元散射之后，OAM 叠加态所携带的 OAM 可以定量表示为

$$M_{r,l}=\frac{P_{\text{scat}}\lambda}{hc}\left(\frac{|\boldsymbol{E}_{\text{cw}}|^2}{|\boldsymbol{E}_i|^2}l_{\text{cw}}\hbar+\frac{|\boldsymbol{E}_{\text{ccw}}|^2}{|\boldsymbol{E}_i|^2}l_{\text{ccw}}\hbar\right)=-\frac{P_{\text{scat}}\lambda}{hc}\frac{2r}{r^2+1}l\hbar \tag{2.22}$$

其中，$P_{\text{scat}}\lambda/hc$ 表示光子的数目。对于单光子这一特殊情形（$P_{\text{scat}}\lambda/hc=1$），幅度比例 r 表示该光子 OAM 为 $l\hbar$ 或者 $-l\hbar$ 的概率；在大量光子的情形下（$P_{\text{scat}}\lambda/hc\gg 1$），上式表示 OAM 叠加态所携带的总 OAM 除以光子数目是一个连续的、模拟的变量，可以在 $-l\hbar\sim l\hbar$ 之间任意取值。

2.5.2 数值计算和结果分析

为了优化器件参数和性能，本书中使用了有限积分法来进行数值仿真和计算。在计算中，波导的宽度和高度分别设置为 500 nm 和 220 nm，微环的外径为 5 μm，直波导和谐振腔的间距为 60 nm。微环内壁上，平均分布着 43 个散射单元，该散射单元的宽度和长度均为 100 nm。

图 2.26 给出了该集成器件的发射谱（对单边输入光束的能量进行了归一化处理）。根据式(2.20)，得到 $\boldsymbol{E}_{\text{ccw}}$ 所对应的拓扑荷数，又根据式(2.21)，$\boldsymbol{E}_{\text{cw}}$ 对应的拓扑荷数与之正好相反，并用圆形和方块在图中分别表示其数值。

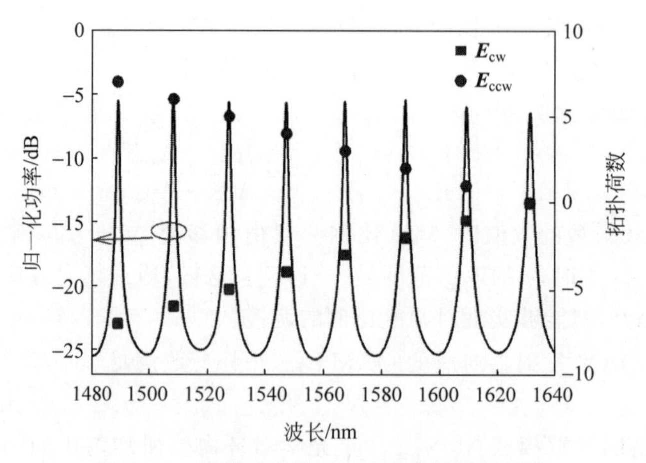

图 2.26 齿轮型光学 OAM 发射器的发射谱

图 2.27 给出了在 1490.61 nm 处的 OAM 叠加态的幅度、相位和坡印廷矢量分布。坡印廷矢量的长度代表了平面内能量流的幅度大小，并进行了归一化。当 $r=1$ 时，单光子的 OAM 为 $-7\hbar$，这可以从其相位分布加以

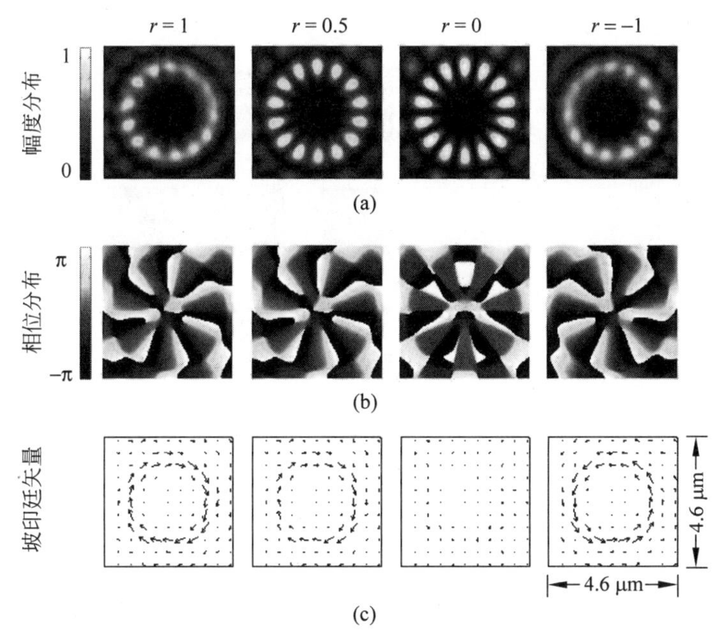

图 2.27　OAM 叠加态的幅度(a)、相位(b)和坡印廷矢量(c)分布(见文前彩图)

辨别,其相位在 $-\pi \sim \pi$ 之间平滑变化了 7 次,且坡印廷矢量的方向为顺时针。当 $r=-1$ 时,单光子的 OAM 为 $7\hbar$,坡印廷矢量的方向为逆时针。这两种情形下,光束处于 OAM 纯态,这与式(2.22)相吻合。当 $r \neq \pm 1$ 时,光束将处于叠加态。

例如,当 $r=0$ 时,光学微环内两个回音壁模式的幅度相同,产生等幅且拓扑荷数相反的光束,在角向上形成驻波,这可以从其幅度和相位分布中看出。由于其幅度分布和机械中的齿轮非常类似,这种光束也被称为齿轮光。此时,坡印廷矢量由于正反向相干抵消几乎为零。

又如,当 $r=0.5$ 时,OAM 为 $-7\hbar$ 的光子占主导,但 $7\hbar$ 的光子起到相干相消的作用,此时 OAM 叠加态在角向上是一种行驻波,这样的性质介于 $r=0$ 和 $r=1$ 之间。尽管这里只给出了输入光束波长 1490.61 nm 处的 OAM 叠加态,但对于其他拓扑荷数也有类似的性质。

对于 OAM 纯态,其模场半径与拓扑荷数的绝对值满足近似的线性关系,若要改变一个光束的 OAM,就会不可避免地同时改变模场半径。而对于齿轮型光学 OAM 发射器所产生的 OAM 叠加态,则没有这样的限制。图 2.28 给出了 OAM 叠加态的模场分布,不难发现,l 相同的 OAM 叠加

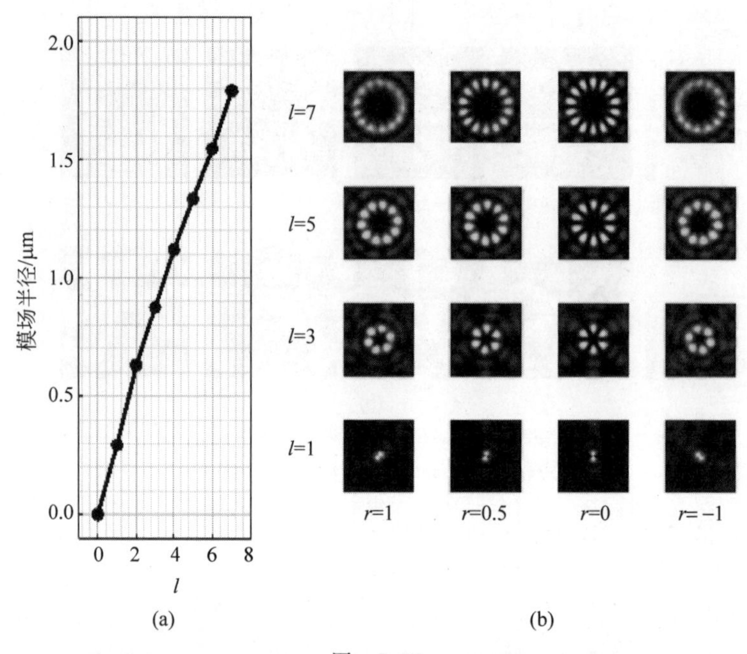

图　2.28

(a) OAM 叠加态模场半径与 l 的关系；(b) 当 $l=1,3,5$ 和 7 时 OAM 叠加态的幅度分布

态，无论幅度比例为何值，模场半径均保持不变。这是因为，这样的叠加态是由拓扑荷数正好相反的两个 OAM 纯态线性叠加而成，它们本身就具有相同的模场半径。这样，就实现了模场半径和光束携带 OAM 量的独立调控。

为了更量化地从数值上分析齿轮型光学 OAM 发射器所发射光束携带的 OAM 量，本工作计算了光束的 OAM 流。OAM 流是指单位时间流过平面的 OAM 数值，由下式给出[128]：

$$M_{r,l}=\frac{\varepsilon_0 c^2}{4\omega}\mathrm{Re}\left[-\mathrm{j}\iint\rho\mathrm{d}\rho\mathrm{d}\varphi\left(-B_x^*\frac{\partial E_y}{\partial\varphi}+E_y\frac{\partial B_x^*}{\partial\varphi}-E_x\frac{\partial B_y^*}{\partial\varphi}+B_y^*\frac{\partial E_x}{\partial\varphi}\right)\right] \tag{2.23}$$

在特定功率的输入光束下，所计算的 OAM 流都进行了归一化，即 $M_{r,l}/M_{r=1,l=-7}$，用来描述 OAM 流随着 r 和 l 的数值演化。首先计算了 $r=\pm1$，±0.5，±0.2，0 且 $l=7$ 的情形，图 2.29 给出了计算结果。事实上，根据式(2.22)，$l=7$ 时的 OAM 流的理论预测值为

$$M_{r,l=7}/M_{r=1,l=7}=\frac{2r}{r^2+1} \tag{2.24}$$

据此，图中用虚线给出了理论预测值作为参考，不难发现理论预测与数值计算吻合较好，通过改变 r，OAM 叠加态的 OAM 流大小从 $-M_{r=1,l=7}$ 到 $M_{r=1,l=7}$ 连续可调。更进一步，计算了 $l=3$ 和 $l=5$ 的情形，也在图 2.29 中给出。与式(2.24)类似，这里也给出了两种情形下的理论预测值分别为

$$M_{r,l=3}/M_{r=1,l=7}=\frac{M_{r,l=3}}{M_{r=1,l=3}}\frac{M_{r=1,l=3}}{M_{r=1,l=7}}=\frac{2r}{r^2+1}\frac{M_{r=1,l=3}}{M_{r=1,l=7}} \tag{2.25}$$

以及

$$M_{r,l=5}/M_{r=1,l=7}=\frac{M_{r,l=5}}{M_{r=1,l=5}}\frac{M_{r=1,l=5}}{M_{r=1,l=7}}=\frac{2r}{r^2+1}\frac{M_{r=1,l=5}}{M_{r=1,l=7}} \tag{2.26}$$

同样，这两种情形下的理论预测结果与数值计算结果都能很好地吻合。

值得注意的是，图 2.29 中有一个灰色区域。在这个区域里，对于任意的从 $-M_{r=1,l=3}$ 到 $-M_{r=1,l=3}$ 的 OAM 流大小，有三种不同的模场半径(874.3 nm，1331.4 nm 和 1778.6 nm)可供选择；与此同时，对于任意这三种模场半径，OAM 流也能连续动态调控。这再次说明了，所设计器件发射的光束模场尺寸与携带的 OAM 流可以独立地进行调控。但受到 OAM 叠加态 OAM 取值范围的限制，如式(2.22)所示，该独立调控特性仅适用于图中的灰色区域。

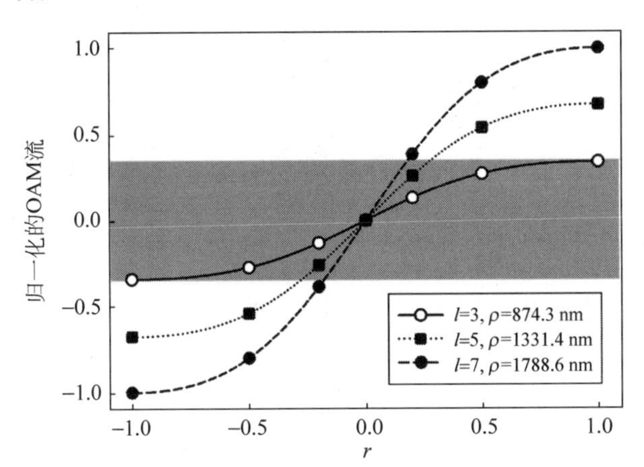

图 2.29　归一化的 OAM 流大小随幅度比例 r 的变化

线条为理论预测结果，点圈为数值计算结果

2.5.3　动态调控测试结果

在完成器件的设计和制备之后，对器件的动态调控性能进行了测试，结

果如图 2.30 所示。测试中选择了三个谐振波长($\lambda=1533.74$ nm,$\lambda=1552.42$ nm 和 $\lambda=1572.10$ nm),相应的拓扑荷数为 $l=5$,4 和 3。

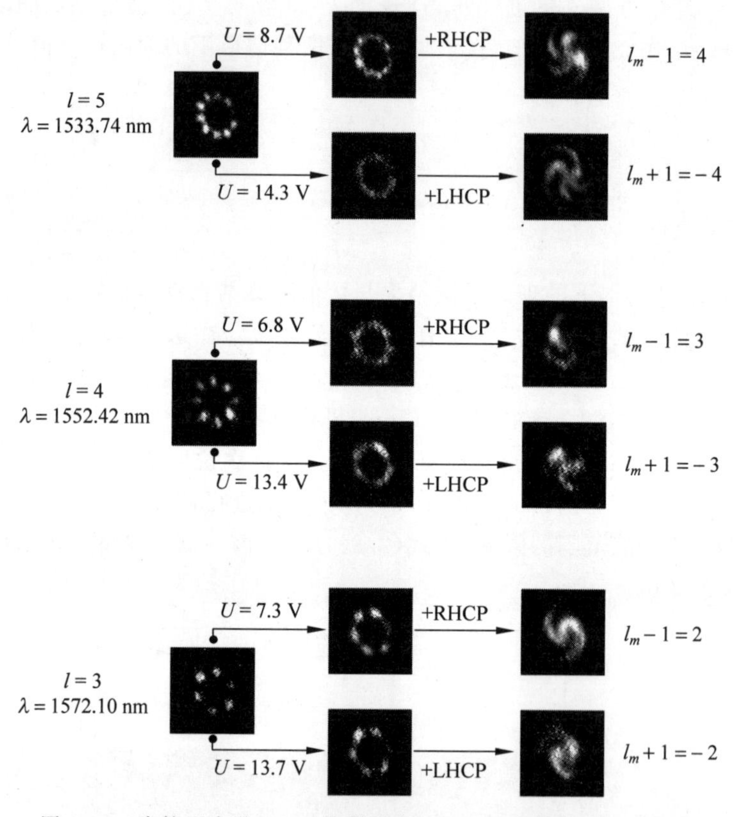

图 2.30 齿轮型光学 OAM 发射器实现 OAM 叠加态的动态调控

图中第一列给出了未加直流偏置电压时,OAM 叠加态的场强分布,光束具有角向驻波的性质,也就是齿轮光。在三种不同的谐振波长下,当电压较低时(分别为 8.7 V,6.8 V 和 7.3 V),场强分布逐渐模糊变为一个圆环,如第二列所示,此时对应 $r=-1$,根据干涉条纹所测的拓扑荷数为 l。当电压较高时(分别为 14.3 V,13.4 V 和 13.7 V),场强分别再次变模糊,此时对应 $r=1$,根据干涉条纹所测的拓扑荷数为 $-l$。例如,当输入光束波长为 1533.74 nm 时,在不加载直流偏压时,OAM 叠加态呈现齿轮形状,在角向上均匀分布有 10 个光斑。将直流偏压加到 8.7 V 时,齿轮形状逐渐变为环形,此时用右圆偏振(RHCP)与之进行干涉,得到了 4 个清晰可辨的干涉条纹,螺旋方向为逆时针,表明此时 OAM 叠加态的拓扑荷数为 5。进一步,将直流偏压加到 14.3 V 时，环形先变回到齿轮形状，之后又逐渐变回环形，此时用左圆偏振（LHCP）与之进行干涉，同样得到 4 个清晰可辨的干涉条纹，但螺旋方向变为了顺时针，表明此时 OAM 叠加态的拓扑荷数为－5。在其他两个输入光束波长下，可以得到相似的结果。结果显示，OAM 叠加态可以通过热光效应进行动态调控。

值得注意的是，当输入光束波长为 1552.42 nm 和 1572.10 nm 时，某些 OAM 叠加态的干涉条纹不够清晰，究其原因，在于 VAS 本身具有波长敏感性，在不同的波长下参数会有差异。具体来说，该 VAS 在 1533.74 nm 附近工作较好，恰好能够将输入光束的全部能量都调制到两个输出端的任意一端，对应式（2.16）满足 $\sin(2\kappa d)=\pm 1$。而在其他波长下，等式 $\sin(2\kappa d)=\pm 1$ 不成立，分束效果略逊。此时，尽管两路的能量比依然能够动态调控，但 VAS 不能将输入光束的全部能量都调制到两个输出的任意一路，两路均会留存有一定的能量，这也将最终影响 OAM 叠加态中两个 OAM 纯态的比例。

齿轮型光学 OAM 发射器能够独立调控 OAM 叠加态横向能流（即 OAM 流）的大小和光斑尺寸。由于光的散射力[11]，OAM 流的大小决定了微粒的旋转速度；由于光的梯度力，光斑尺寸决定了将微粒进行捕获的半径位置。基于齿轮型光学 OAM 发射器对 OAM 叠加态两个关键属性的独立调控特性，片上微粒操控的能力和灵活性有望大幅提升。

更进一步，为了实现基于硅基集成器件的微粒操控，还需要对齿轮型光学 OAM 发射器进行深入地优化和改进。首先，需要解决的是功率问题，只有确保发射出来的 OAM 光束具有足够的功率（约 1 mW 量级），才能保证对微粒进行有效的捕获和旋转。这需要对波导耦合方式（垂直耦合为宜）、波导传输损耗以及散射单元设计进行充分的改进，并优化工艺制备流程。再者，需要在齿轮型光学 OAM 发射器的顶部制备聚二甲基硅氧烷（PDMS）微流通道，实现对含有微粒溶液的导流和引流功能。

2.6　本章小结

本章介绍了两种可以动态调控的硅基集成光学 OAM 发射器。

（1）带有热光调控单元的蛛网型光学 OAM 发射器。面向基于 OAM 的信息传输应用，仅需 0.4%的最大调制比就可在 9 个不同拓扑荷数（－4～4）的 OAM 纯态间动态切换，相邻状态的调节驱动功率仅为约 20 mW。相关工作成果已经发表于国际期刊 *Scientific Reports*，2016，6，22512，并在国际会议 Opto-Electronics and Communications Conference（OECC）2015 和 OECC 2016 上做两次口头报告。

（2）带有热光调控单元的齿轮型光学 OAM 发射器。面向基于 OAM 的微粒操控应用，通过控制输入光波长和双向能量配比实现了模式半径和 OAM 流的独立调节，OAM 叠加态的平均拓扑荷数可在 −5～5 之间连续调节。相关工作成果已经发表于国际期刊 *Scientific Reports*，2015，10958，并在国际会议 Asia Communications and Photonics Conference（ACP）2015，AM1A-5 和 International Nano-Optoelectronic Workshop（iNOW）2015，TuP25 分别做口头报告，其中在 iNOW 2015 上获得了最佳学生论文一等奖。

第3章　表面等离子激元光学轨道角动量发射器

3.1　引言

SPP集成器件的制备流程相对简单，可以快速设计、快速验证，并且可以形成具有特殊光学特性的超表面或超材料，因而受到了广泛关注。本章将介绍两种SPP光学OAM发射器的基本原理以及数值计算结果。

本章3.2节将首先介绍SPP模式的基本性质和激励方法；面向基于OAM的微粒操控应用，3.3节将介绍携带OAM拓扑荷数为整数的SPP的一般激励方法，以及如何改进该方法来激励携带OAM拓扑荷数为分数（即OAM分数态）的SPP；3.4节将介绍激励OAM阵列态的SPP集成器件。

3.2　激励携带轨道角动量的表面等离子激元

SPP是一种特殊的电磁场模式，具有横向磁场（TM）偏振，沿着金属和介质的界面传播[129]。由于在垂直界面的方向上是衰减场，SPP的大部分能量局限在界面附近，有很强的近场特性。强近场属性使得SPP非常适合与物质发生相互作用，例如对微粒的捕获和操控[130]。

3.2.1　表面等离子激元的特性

典型的SPP电场分布如图3.1所示，一般具有如下的表达式[129]：

$$\boldsymbol{E}_{\mathrm{spp}}=\begin{bmatrix}E_x\\E_y\\E_z\end{bmatrix}\propto\begin{bmatrix}-k_z\\0\\k_{\mathrm{spp}}\end{bmatrix}\mathrm{e}^{\mathrm{j}(\omega t-k_{\mathrm{spp}}x+k_z z)}\tag{3.1}$$

其中，三个分量分别代表平行于金属介质界面且平行或垂直于传播方向的电场分量（E_x 和 E_y）以及垂直于界面的电场分量（E_z）。垂直于传播方向的电场分量幅度为零。波矢 k_z 是复数，刻画了 z 方向（即垂直界面方向）的

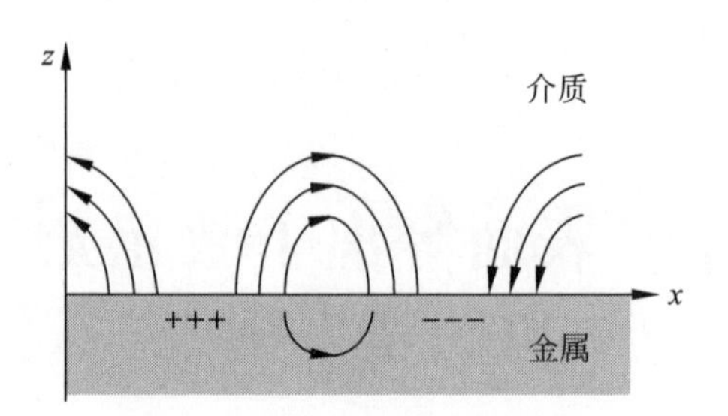

图 3.1 典型的 SPP 电场分布

能量衰减。由于一般有:

$$|k_z| \ll |k_{spp}| \tag{3.2}$$

因此,SPP 中的 z 分量占据主导,也是主要的研究对象。

激励 SPP 的方法有很多种,比较简便的方法是在金属表面开槽,用偏振方向垂直于金属槽的光束垂直照射。根据波矢匹配的原则,要激励 SPP 就必须要满足一定的波矢补偿条件[129]。由于金属槽具有非常尖锐的棱角,它可以提供宽频谱的波矢范围,适合激励 SPP 的匹配波矢就可以被自动选择出来[131]。

3.2.2 基本原理

若要激励携带 OAM 的 SPP,也称为等离子涡旋光(PV),一般采用圆偏振光束或径向偏振的矢量光束垂直照射环状的金属槽结构。其中,圆偏振光束比较容易在实验中获得,因而使用也更加广泛。用圆偏振光束激励携带 OAM 的 SPP,最值得关注的是自旋-轨道耦合效应[56],即激励光束所携带的 SAM 可以耦合成为 SPP 的 OAM,图 3.2 给出了该过程的示意图。

这里假设激励光束是左圆偏振的,即 SAM=-1,沿着顺时针方向,光束偏振态的相位延迟递减。对于环状的金属槽,能有效激励 SPP 的只有偏

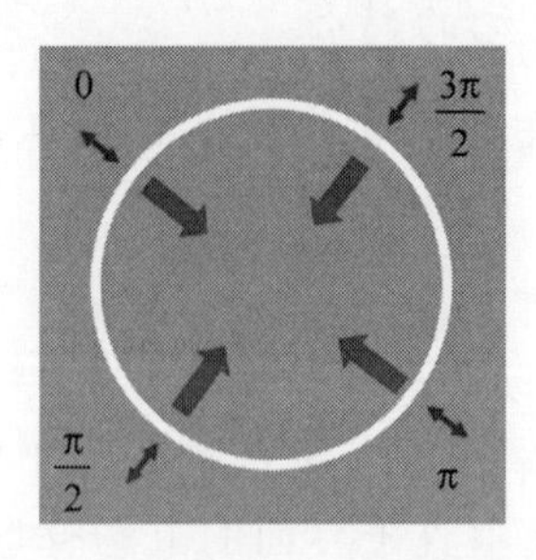

图 3.2 携带 OAM 的 SPP 激励过程中发生自旋-轨道耦合

振态垂直槽的分量，即径向分量。假设某一时刻，图中 $3\pi/2$ 处的光场偏振正好垂直于槽并指向圆心，那 $\pi/2$ 处的光场偏振将正好垂直于槽背向圆心，二者具有 π 的相位延迟，二者激励的 SPP 具有半周期的相位差，而 π 和 0 处的光场偏振将正好平行于槽，此时恰好不能激励 SPP。因而，光束的偏振态信息体现为径向分量的相位延迟，最终传递给了所激励的 SPP。SPP 在角向上体现了光束径向分量的相位延迟，也就携带了 OAM，这一过程可用如下表达式给出：

$$\hat{\boldsymbol{x}} \pm \mathrm{j}\hat{\boldsymbol{y}} = \mathrm{e}^{\pm \mathrm{j}\varphi}(\hat{\boldsymbol{r}} \pm \mathrm{j}\hat{\boldsymbol{\varphi}}) \tag{3.3}$$

在直角坐标系中的圆偏振光束，从柱坐标系的角向或径向分量来看就会具有角向的相位延迟。因此，SAM 为 $s=\pm 1$ 的光束将激励 OAM 为 ± 1 的 SPP。若考虑激励圆偏振光束本身也携带拓扑荷数 l 的 OAM，那么 SPP 的 OAM 是激励光束 SAM 和 OAM 之和[56]：

$$l_{\mathrm{spp}} = l + s \tag{3.4}$$

3.3　阿基米德螺线型光学轨道角动量发射器

针对 1.3.2 节关键问题 2 中如何基于集成器件实现可动态调控的 OAM 分数态的问题，本书提出了基于阿基米德螺线（ASG）结构激励并动态调控 OAM 分数态的新方法。以往的研究工作中，阿基米德螺线结构一般用于激励携带整数 OAM 拓扑荷数的 SPP[52]，而本方法则利用了激励光束在传播过程中所引入的径向相位梯度，带来额外的 OAM 贡献，该部分贡献量子化之后可以是分数，也可以是整数。

3.3.1　激励轨道角动量纯态的方法

在环状金属槽的基础上，还可利用阿基米德螺线型的金属槽给 SPP 引入额外的 OAM，如图 3.3 所示。阿基米德螺线的轨迹方程为

$$r = r_0 + \frac{\varphi + \pi}{2\pi} m\lambda_{\mathrm{spp}}, \quad \varphi \in (-\pi, \pi] \tag{3.5}$$

方程(3.5)代表了一个半径随着角度单调、线性变化的开环结构。λ_{spp} 代表了激励 SPP 的波长，r_0 是阿基米德螺线的最小半径，m 是任意整数，代表了阿基米德螺线对 OAM 的贡献。阿基米德螺线能引入额外 OAM 的原因是不同方位角激励的 SPP 传播到圆心附近时具有不同的光程，因而 SPP 具有了额外的角向相位差。

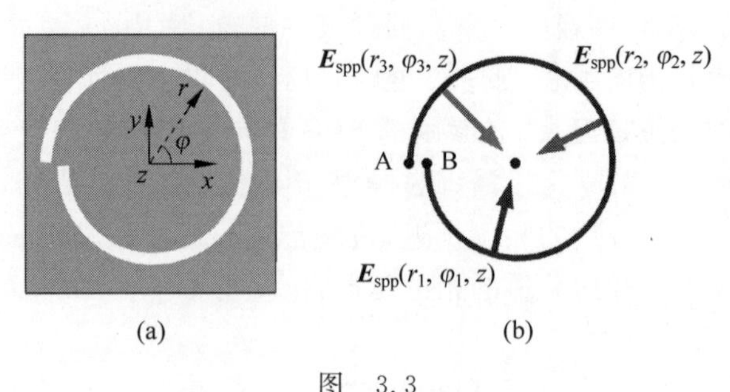

图　3.3

(a) 阿基米德螺线的示意图；(b) 阿基米德螺线引入额外的 OAM

为了定量化地给出以上过程，假设采用 LG 模式的激励光束的复振幅为

$$u_{pl}(r,\varphi,z)=\frac{a_{p,l}}{w(z)}\left(\frac{\sqrt{2}r}{w(z)}\right)^{|l|}L_p^{|l|}\left(\frac{2r^2}{w(z)^2}\right)\mathrm{e}^{-\frac{r^2}{w(z)^2}}\mathrm{e}^{\mathrm{j}\left(\psi-\frac{kr^2}{2R(z)}\right)}\mathrm{e}^{-\mathrm{j}l\varphi} \tag{3.6}$$

其中，p 和 l 分别是 LG 光束径向和角向量子数，l 也称为 OAM 拓扑荷数。$a_{p,l}$，$w(z)$，$L_p^{|l|}$ 和 $R(z)$ 分别代表了归一化幅度、光束尺寸、伴随拉盖尔多项式和波前曲面的半径，$\psi=(2p+|l|+1)\arctan[z\lambda/\pi w^2(0)]$ 代表了 Gouy 相位。

正如前文所述，SPP 只能由垂直于阿基米德螺线的电场分量来激励。根据式(3.1)，对于中心处的任意一点(R,ϕ,z)，阿基米德螺线上的任意一点(r,φ,z)对它的 z 分量电场贡献为[73]

$$\boldsymbol{E}_{\mathrm{spp}}(r,\varphi,z)\propto\frac{1}{d}u_{pl}\mathrm{e}^{-\mathrm{j}s\phi}\mathrm{e}^{-\mathrm{j}k_{\mathrm{spp}}d}\mathrm{e}^{\mathrm{j}k_z z}\hat{\boldsymbol{z}} \tag{3.7}$$

其中，$d=\sqrt{(R\cos\phi-r\cos\varphi)^2+(R\sin\phi-r\sin\varphi)^2}$ 代表了任意两点之间的距离。根据惠更斯积分原理，构成携带 OAM 的 SPP 中心处任意一点(R,ϕ,z)的电场为[73,132]

$$\boldsymbol{E}_{\mathrm{pv}}(R,\phi,z)\approx\frac{1}{2\pi}\int_{-\pi}^{\pi}\boldsymbol{E}_{\mathrm{spp}}(r,\varphi,z)r\mathrm{d}\varphi\hat{\boldsymbol{z}}\propto\int_{-\pi}^{\pi}\frac{1}{d}u_{pl}\mathrm{e}^{-\mathrm{j}s\varphi}\mathrm{e}^{-\mathrm{j}k_{\mathrm{spp}}d}r\mathrm{d}\varphi\mathrm{e}^{\mathrm{j}k_z z}\hat{\boldsymbol{z}} \tag{3.8}$$

在附录 B 中，从电磁场的平面波分解法（傅里叶分解法）的角度，对式(3.8)给出了更加严格的推导方法。尽管从 x 空间和 k 空间的推导思路有所不同，但是结论却殊途同归。

由于携带 OAM 的 SPP 形成于中心处，假设 $R\ll r$，即 $d\approx r-R\cos(\phi-\varphi)$，

进而得到 $1/d \approx 1/r$。接下来，忽略 SPP 的传输损耗以及 LG 光束沿阿基米德螺线的强度变化，仅关心 LG 光束的相位分布，式(3.8)化简为

$$
\begin{aligned}
\boldsymbol{E}_{\mathrm{pv}}(R,\phi,z) &\propto \int_{-\pi}^{\pi} \exp\left[\arg(u_{pl})\right] \mathrm{e}^{-\mathrm{j}s\varphi} \mathrm{e}^{-\mathrm{j}k_{\mathrm{spp}}r} \mathrm{e}^{\mathrm{j}k_{\mathrm{spp}}R\cos(\phi-\varphi)} \mathrm{d}\varphi \mathrm{e}^{\mathrm{j}k_z z} \hat{\boldsymbol{z}} \\
&\propto \int_{-\pi}^{\pi} \mathrm{e}^{-\mathrm{j}(l+s+m)\varphi} \mathrm{e}^{\mathrm{j}k_{\mathrm{spp}}R\cos(\phi-\varphi)} \mathrm{d}\varphi \mathrm{e}^{\mathrm{j}k_z z} \hat{\boldsymbol{z}} \\
&\propto J_{l_{\mathrm{pv}}}(k_{\mathrm{spp}}R) \mathrm{e}^{-\mathrm{j}l_{\mathrm{pv}}\phi} \mathrm{e}^{\mathrm{j}k_z z} \hat{\boldsymbol{z}}
\end{aligned}
\tag{3.9}
$$

其中，J_l 是 l 阶的第一类贝塞尔函数，SPP 的 OAM 拓扑荷数为[73]

$$l_{\mathrm{pv}} = l + s + m \tag{3.10}$$

上式包含了三个部分，激励光束的 SAM，OAM 以及阿基米德螺线引入的 OAM。

3.3.2　三种激励轨道角动量分数态方法的比较

本节将对比三种激励携带分数 OAM 拓扑荷数的 SPP 的方法。其中，前两种方法是其他课题组的研究工作，第三种方法是本研究提出的。

根据式(3.10)，阿基米德螺线上的相位变化为

$$\theta_{\mathrm{A}} - \theta_{\mathrm{B}} = -2\pi(l + s) \tag{3.11}$$

其中，A 点和 B 点已经在图 3.3(b)中给出，当 SPP 的 OAM 拓扑荷数为整数(即 OAM 纯态)时，沿着阿基米德螺线的相位变化首先需要是 2π 的整数倍。此外，式(3.10)中所给的 m 也需要是整数，以确保 A、B 两点之间的距离是 λ_{spp} 的整数倍。由于 λ_{spp} 直接由激励光束的波长决定，因此波长也需要是不变的。最后，阿基米德螺线的径向不均一结构特性要求激励光束在径向上没有相位梯度。总结以上，产生整数拓扑荷数的 SPP 至少需要具备三个条件：m 为整数、固定的激励光束波长以及激励光束没有径向相位梯度。

如果不具备以上任一条件，将可能产生分数拓扑荷数的 SPP。相应地，产生分数拓扑荷数的 SPP 的三种潜在方法是：改变 m 的数值、改变激励光束波长以及利用激励光束的径向相位梯度。若定义分数部分为 α，则 SPP 的 OAM 拓扑荷数为

$$l_{\mathrm{pv}} = l + s + m + \alpha \tag{3.12}$$

改变 m 的数值，即改变阿基米德螺线结构是最直接的方法，在文献[56,73]中已有报道。如果 A、B 两点之间的距离是 λ_{spp} 的分数倍，则 SPP 的 OAM 拓扑荷数将为分数。但是，该方法难以实现动态调控，因为 α 的数

值会因阿基米德螺线结构固定而给定,这样仅能得到一系列分数拓扑荷数。例如,当 $\alpha=0.3$ 时,所得到的拓扑荷数 $l_{pv}\in\{\cdots,-1.3,0.3,1.3,2.3,\cdots\}$,而无法获得其他的任意分数。

改变激励光束波长也是一种比较直接的方法[56]。当激励光束波长与预设值发生偏离时,λ_{spp} 会相应变为 λ'_{spp},整数 m 的等效数值变为 $m'=m\lambda_{spp}/\lambda'_{spp}$,该数值可以为分数。但是,由于产生激励光束的方法通常是波长敏感的,该方法同样不易实现动态调控。例如,常用来相位调制的商业化元器件是 SLM。一旦光束波长改变了,SLM 也需要根据其波长-相位响应曲线来进行调整,这需要耗费一定的时间。同时,特定 SLM 的波长响应范围是有限的,这意味着超范围的波长可能无法使用。此外,改变 SPP 的 OAM 不可避免地伴随着 SPP 波长的改变,这将会大大限制 SPP 的实际应用。

利用激励光束的径向相位梯度是最灵活的选择,尽管在原理上并不像之前两种方案那样简明,其基本原理会在下一节中详细介绍。简而言之,光束的参数由 ABCD 矩阵来控制,可以通过一系列透镜实现[132,133]。由于任意光学透镜的传输函数可以编写到 SLM 上,并且与 SLM 原有的全息模板兼容,意味着 SLM 可以同时产生和聚焦激励光束。该方法保证了产生的 OAM 分数态动态可调,只是调制切换的时间受限于 SLM 的刷新频率,通常为约 50Hz。

3.3.3 基本原理

根据式(3.6),LG 激励光束的相位分布为

$$\theta(r,\varphi)=\psi-\frac{kr^2}{2R(z)}-l\varphi \tag{3.13}$$

其中,第一项是 Gouy 相位,第二项是傍轴近似下的径向相位梯度,第三项是角向相位梯度(刻画了 LG 光束的 OAM 拓扑荷数)。值得注意的是,第一项在给定的横截面上是均匀的,而第二项和第三项分别与径向和角向相关。

图 3.4(a)给出了经传播照射在金属表面的 LG_{00} 光束($w(0)=1\ \mu m$,$\lambda=633$ nm)的瞬时幅度分布。可以看出,随着光束的传播,波前阵面的半径 $R(z)$不断变化。当金属表面正好处于光束光腰处时($z=0$ 且 $R(0)=\infty$),式(3.10)中的第二项将消失,正好对应式(3.10)所给出的情况。图 3.4(b)给出了 $w(0)=2.8\ \mu m$ 和 $z=0\ \mu m$ 时,LG_{03} 的幅度和相位图,其中白色曲线是阿基米德螺线($r_0=3\ \mu m$,$m=2$)在金属表面上的投影。光束参数保证了

光环恰好和阿基米德螺线有较好的重叠，因而可以近似忽略阿基米德螺线上光束的强度变化。然而，当金属表面远离 LG 光束的光腰时，就会产生径向相位梯度。作为对比，图 3.4(c)给出了 $w(0)=1\ \mu m$ 和 $z=13\ \mu m$ 时，LG_{03} 的幅度和相位图。不难发现，与图 3.4(b)相比，图 3.4(c)中 A、B 两点之间多了一个分数相位差。图 3.4(d)给出了这两个例子中阿基米德螺线上的相位变化，分别由虚线和实线给出。其中，虚线经历了完整的 3 个周期的相位变化，而实线的相位变化则介于 3～4 个周期之间。

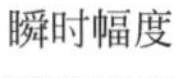

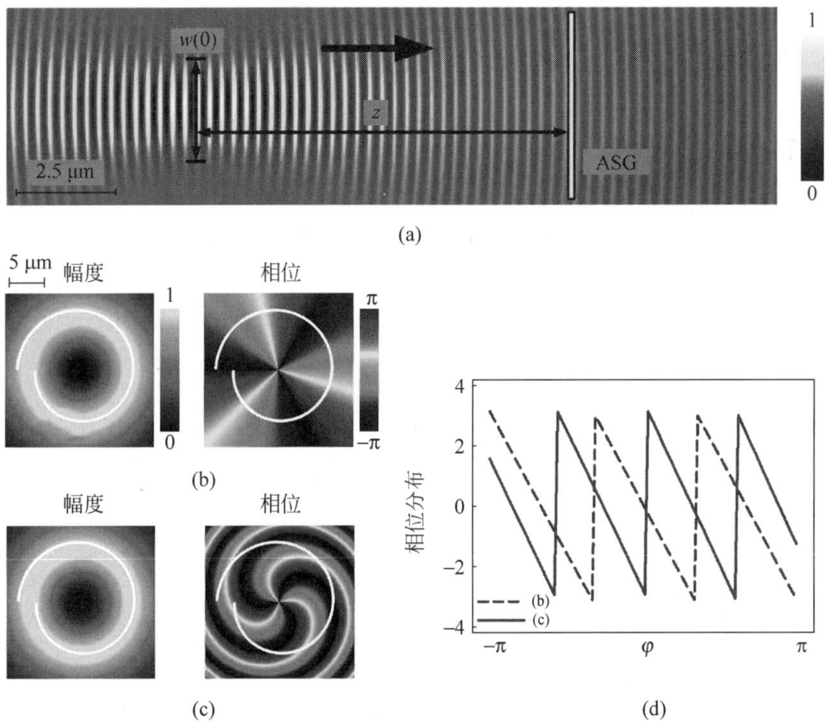

图　3.4

(a)经传播照射在金属表面的 LG 光束的瞬时幅度分布，从中可观察到其径向相位梯度；当 $w(0)=2.8\ \mu m, z=0\ \mu m$(b)和 $w(0)=1\ \mu m, z=13\ \mu m$(c)时 LG 光束的幅度和相位分布；(d)沿阿基米德螺线的相位分布(见文前彩图)

可推导得该分数相位差为

$$-2\pi\alpha=\theta(r,\pi)-\theta(r,-\pi)=-k(m^2\lambda_{spp}^2+2r_0 m\lambda_{spp})/2R(z) \tag{3.14}$$

其中，

$$\alpha = k(m^2\lambda_{\text{spp}}^2 + 2r_0 m\lambda_{\text{spp}})/4\pi R(z) \tag{3.15}$$

显然，当 $z=0$ 时，上式中的 $\alpha=0$，式(3.12)可以简化到式(3.10)。但更重要的是，上式给出一种在固定 m 和 λ_{spp} 时，可以利用径向相位梯度产生分数态 OAM 的方法。

为了定量研究 α 的来源，这里给出了另一种推导方法。仍然假设 LG 光束的强度不变而仅考虑相位，那么考虑了径向相位梯度之后，式(3.9)可以进一步写为

$$\begin{aligned}\boldsymbol{E}_{\text{pv}}(R,\phi,z) &\propto \int_{-\pi}^{\pi} \exp[\mathrm{j}\theta(r,\varphi)]\, \mathrm{e}^{-\mathrm{j}s\varphi} \mathrm{e}^{-\mathrm{j}k_{\text{spp}}r} \mathrm{e}^{\mathrm{j}k_{\text{spp}}R\cos(\phi-\varphi)} \mathrm{d}\varphi \mathrm{e}^{\mathrm{j}k_z z} \hat{\boldsymbol{z}} \\ &\propto \int_{-\pi}^{\pi} \exp\left[-\mathrm{j}\frac{kr^2}{2R(z)}\right] \mathrm{e}^{-\mathrm{j}(l+s)\varphi} \mathrm{e}^{-\mathrm{j}k_{\text{spp}}r} \mathrm{e}^{\mathrm{j}k_{\text{spp}}R\cos(\phi-\varphi)} \mathrm{d}\varphi \mathrm{e}^{\mathrm{j}k_z z} \hat{\boldsymbol{z}}\end{aligned} \tag{3.16}$$

相比式(3.9)，上式引入了径向相关的相位项 $\exp[-\mathrm{j}kr^2/2R(z)]$。忽略上式中常数项，可以得出

$$\boldsymbol{E}_{\text{pv}}(R,\phi,z) \propto \int_{-\pi}^{\pi} \exp\left[-\mathrm{j}\frac{km^2\lambda_{\text{spp}}^2}{8\pi^2 R(z)}\varphi^2\right] \mathrm{e}^{-\mathrm{j}(l+s+\alpha)\varphi} \mathrm{e}^{-\mathrm{j}k_{\text{spp}}r} \mathrm{e}^{\mathrm{j}k_{\text{spp}}R\cos(\phi-\varphi)} \mathrm{d}\varphi \mathrm{e}^{\mathrm{j}k_z z} \hat{\boldsymbol{z}} \tag{3.17}$$

不难看出，通过引入径向相关的相位项，得到了 α。由于高阶项 φ^2 数值较小并且与携带的 OAM 无直接关系，因此忽略该项。事实上，相位和 φ 之间的线性关系在图 3.4(b)中也非常明显。最终，可以得到如下关系式

$$\begin{aligned}\boldsymbol{E}_{\text{pv}}(R,\phi,z) &\propto \int_{-\pi}^{\pi} \mathrm{e}^{-\mathrm{j}(l+s+\alpha)\varphi} \mathrm{e}^{-\mathrm{j}k_{\text{spp}}r} \mathrm{e}^{\mathrm{j}k_{\text{spp}}R\cos(\phi-\varphi)} \mathrm{d}\varphi \mathrm{e}^{\mathrm{j}k_z z} \hat{\boldsymbol{z}} \\ &\propto \int_{-\pi}^{\pi} \mathrm{e}^{-\mathrm{j}(l+s+m+\alpha)\varphi} \mathrm{e}^{\mathrm{j}k_{\text{spp}}R\cos(\phi-\varphi)} \mathrm{d}\varphi \mathrm{e}^{\mathrm{j}k_z z} \hat{\boldsymbol{z}}\end{aligned} \tag{3.18}$$

即 $l_{\text{pv}}=l+s+m+\alpha$。根据以上推导，显然 α 是从径向相位梯度独立计算出来的，尽管径向相位梯度并不改变 LG 光束本身的 OAM 拓扑荷数，而角向相位梯度的贡献依然是 l。

为了进一步研究携带分数拓扑荷数的 SPP 的性质，需要注意式(3.18)并不说明 SPP 可由 $J_{l_{\text{pv}}}(k_{\text{spp}}R)$简单描述(此时 l_{pv} 是一个分数)。这是因为推导式(3.19)的过程中，使用了贝塞尔函数积分定理，但该定理对于分数的情况并不成立。此外，OAM 分数态的环形场强分布通常具有角向缺口[90]，简单的贝塞尔函数并不能刻画出场强与角向的关系。

根据式(3.9)，携带OAM的SPP场的一般表达式为

$$\boldsymbol{E}_{\mathrm{pv}}(R,\phi,z)\propto\int_{-\pi}^{\pi}\mathrm{e}^{-\mathrm{j}l_{\mathrm{pv}}\varphi}\mathrm{e}^{\mathrm{j}k_{\mathrm{spp}}R\cos(\phi-\varphi)}\mathrm{d}\varphi\mathrm{e}^{\mathrm{j}k_z z}\hat{\boldsymbol{z}} \tag{3.19}$$

其中，l_{pv} 可以是整数，也可以是分数。利用傅里叶展开得到

$$\mathrm{e}^{-\mathrm{j}l_{\mathrm{pv}}\varphi}=\sum_{n=-\infty}^{\infty}a_n\mathrm{e}^{-\mathrm{j}n\varphi} \tag{3.20}$$

则OAM纯态的系数为

$$a_n=\begin{cases}\dfrac{\mathrm{e}^{\mathrm{j}\pi(n-l_{\mathrm{pv}})}\sin[\pi(n-l_{\mathrm{pv}})]}{\pi(n-l_{\mathrm{pv}})}, & l_{\mathrm{pv}}\notin Z\\ \delta_{n,l_{\mathrm{pv}}}, & l_{\mathrm{pv}}\in Z\end{cases} \tag{3.21}$$

其中，$\delta_{i,j}$ 是Kronecker冲激函数。所以，携带分数拓扑荷数的SPP表达式为

$$\begin{aligned}\boldsymbol{E}_{\mathrm{pv}}(R,\phi,z)&\propto\int_{-\pi}^{\pi}\sum_{n=-\infty}^{\infty}a_n\mathrm{e}^{-\mathrm{j}n\varphi}\mathrm{e}^{\mathrm{j}k_{\mathrm{spp}}R\cos(\phi-\varphi)}\mathrm{d}\varphi\mathrm{e}^{\mathrm{j}k_z z}\hat{\boldsymbol{z}}\\&=\sum_{n=-\infty}^{\infty}a_n\int_{-\pi}^{\pi}\mathrm{e}^{-\mathrm{j}n\varphi}\mathrm{e}^{\mathrm{j}k_{\mathrm{spp}}R\cos(\phi-\varphi)}\mathrm{d}\varphi\mathrm{e}^{\mathrm{j}k_z z}\hat{\boldsymbol{z}}\\&\propto\sum_{n=-\infty}^{\infty}j^n a_n J_n(k_{\mathrm{spp}}R)\mathrm{e}^{-\mathrm{j}n\varphi}\mathrm{e}^{\mathrm{j}k_z z}\hat{\boldsymbol{z}}\end{aligned} \tag{3.22}$$

式(3.22)表示携带分数拓扑荷数的SPP是一系列携带整数拓扑荷数的SPP的线性叠加。除了 a_n 之外，不同拓扑荷数之间还有额外的相位差 j^n。携带分数拓扑荷数的SPP的实际平均OAM为

$$\overline{l_{\mathrm{pv}}}=\sum_{n=-\infty}^{\infty}|a_n|^2 n=l_{\mathrm{pv}}-\frac{\sin 2\pi l_{\mathrm{pv}}}{2\pi}=l_{\mathrm{pv}}-\frac{\sin 2\pi\alpha}{2\pi} \tag{3.23}$$

不难发现，OAM的实际平均值和预设值发生了偏离，除了当 $\alpha=0.5$ 或 $\alpha=0$ 时。在空间光学领域，类似的现象首先被Berry发现[134]，由Leach等人实验验证[91]，并由Götte等人用量子力学的方法进行了描述[135]。在集成光子学领域，携带OAM的SPP和空间OAM光束具有相似属性并不出乎意料，原因在于二者均可由 $\mathrm{e}^{-\mathrm{j}l\varphi}$ 来描述，并且相位差 j^n 并不会改变上述结果。

3.3.4　数值计算和结果分析

接下来，将用时域有限差分法对以上理论推导结果通过数值仿真进行验证。阿基米德螺线的结构参数固定为 $r_0=9\ \mu\mathrm{m}$ 和 $m=4$。图3.5给出

了 α 与光腰大小 $w(0)$ 和传播距离 z 的关系。值得注意的是，傍轴近似条件要求光束的发散角较小，需满足关系 $\lambda/\pi w(0)^2 \ll \pi/6$[132]，因此，当激励光束波长为 633 nm 时，LG 光束 $w(0)$ 的下限为约 1 μm。理论上，图 3.5 中的 α 可以从 0 连续调控到 4.34。但是，由于 LG 光束的光环需要和阿基米德螺线有较好的重叠，光束的相关参数还需要精心设计。

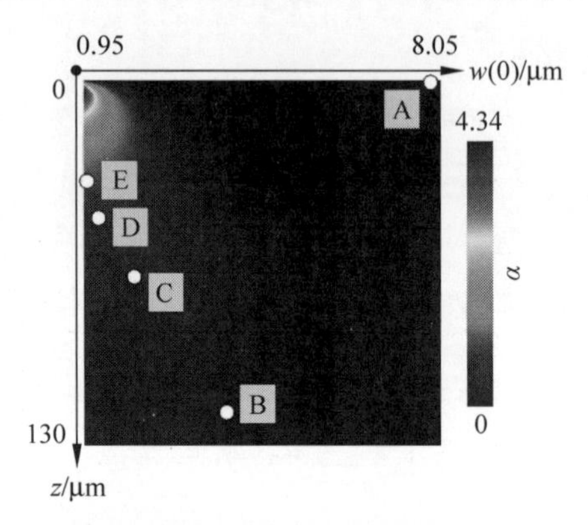

图 3.5　α 与光束参数（光腰大小 $w(0)$ 和传播距离 z）的关系（见文前彩图）

在计算中，使用的 LG 光束参数为 $l=-3$，$p=0$ 以及 $s=1$。因此，SPP 的 OAM 拓扑荷数应为

$$l_{\mathrm{pv}}=-3+1+4+\alpha=2+\alpha \tag{3.24}$$

A～E 五个例子的具体参数如表 3.1 所示。

表 3.1　数值计算所用到的参数

例子	$w(0)/\mu m$	$z/\mu m$	α
A	8	0	0
B	3.75	120	0.25
C	2.25	70	0.5
D	1.28	51	0.75
E	1	38	1

时域有限差分法（FDTD）的数值计算结果如图 3.6 左侧两列所示（观察面为金属上表面约 10 nm）。对于例子 A，金属表面位于激励光束的光腰处。完整的环状幅度分布以及两个周期的完整相位变化，都说明了此时 OAM 的拓扑荷数为 2。当 α 遍历 0.25，0.5，0.75 和 1 时，对应例子 B～E，此时激励光束的光腰已经离开了金属表面。对比 OAM 纯态，OAM 分数

态出现了相位奇点的分裂，而且强度光环也出现了相应的畸变。当拓扑荷数最终变为 3 时，光环的半径也增大了。这些现象可以定性地证明已经产生了携带分数拓扑荷数的 SPP。

图 3.6 右侧两列给出了根据式(3.22)得到的理论预测结果。忽略数值计算带来的计算误差，二者吻合较好。由于式(3.22)的推导过程中，并未依赖具体的实现方法，这进一步定性地说明了本书提出方法的正确性。

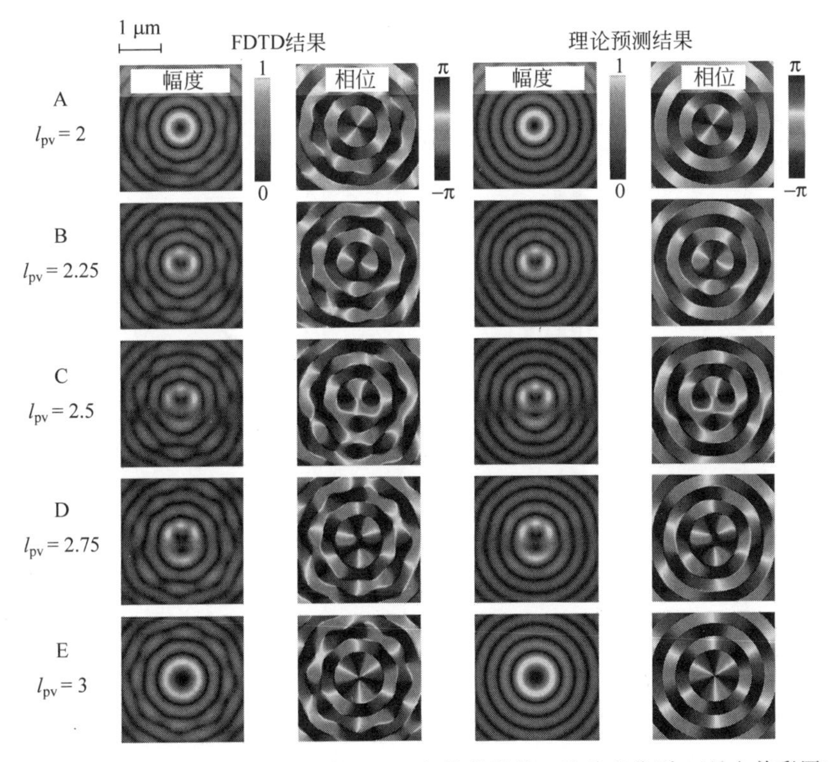

图 3.6　随着 α 从 0 变到 1，SPP 的 OAM 拓扑荷数从 2 连续变化到 3(见文前彩图)

下面，采用模式分解的方法，从数值角度进行进一步的定量分析。根据式(3.22)，构成 OAM 分数态的 OAM 纯态系数可以计算如下：

$$a_n \propto \mathrm{j}^{-n}\iint [J_n(k_{\mathrm{spp}}R)\mathrm{e}^{-\mathrm{j}n\phi}]^* \boldsymbol{E}_{\mathrm{pv}}(R,\phi,z)R\,\mathrm{d}R\,\mathrm{d}\phi \tag{3.25}$$

在图 3.7(a)～(c)中，对比了 $|a_n|$ 根据上式得到的数值计算结果和根据式(3.21)得到的理论预测结果，对应的 l_{pv} 分别为 2，2.25 和 2.5(分别对应 A，B 和 C)。将计算结果进行归一化处理，数值计算和理论预测二者有较好的符合。

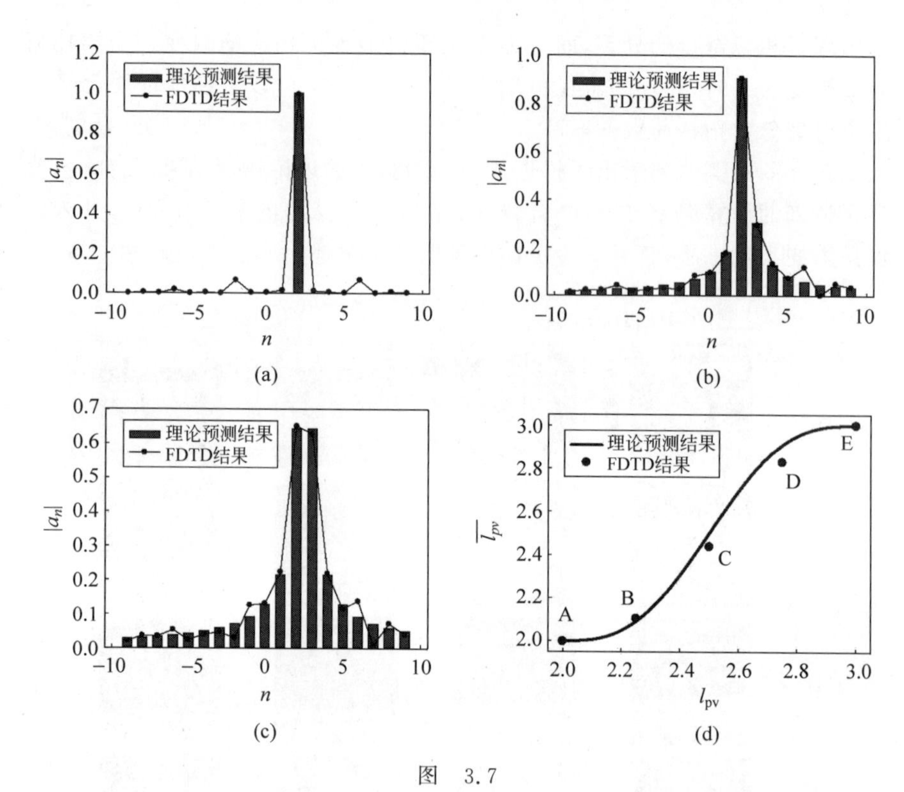

图　3.7

(a)～(c) 当拓扑荷数分别为 2,2.25 和 2.5 时,OAM 纯态系数的绝对值;(d) OAM 实际平均值的数值计算结果和理论预测结果

最后,图 3.7(d)还展示了 OAM 的实际平均值随着 l_{pv} 的变化情况。尽管由于时域有限差分法在计算过程中会引入计算误差,导致数值计算和理论预测有一些小的偏离,但数值计算和理论预测二者仍然有较好的符合。以上与理论预测结果的分析比较,可以定量地证明本书中提出方法的正确性。

在以上的结果中,激励光束为 LG 模式,其径向量子数 $p=0$,这样的光束或是一个圆形光斑($l=0$),或是一个圆形光环($l\neq0$)。但若考虑更高的径向量子数 $p>0$,则伴随拉盖尔多项式的取值正负会随着因变量的增大而交替变化,光束本身体现为随着半径的增大,会交替出现 π 的相位突变,且光环的数目随着 p 增大而增多。此外,由于 p 越大,LG 光束的主光环和其他光环的分布越紧密,这将使得 LG 光束沿着阿基米德螺线的强度变化不能再被忽略,因此获得携带 OAM 的 SPP 的解析解将会非常困难。但是,更大的径向量子数或许能够提供更加灵活的调控机制，该研究还值得进一步深入。

此外，若采用分段式的阿基米德螺线结构[136]，则每一段阿基米德螺线的长度更短，因此沿着螺线的激励光束的强度变化会更小。尽管使用分段式的阿基米德螺线结构会与本发射器的效果有所不同，但它们的基本原理是一致的。

3.4　多边形型光学轨道角动量发射器

针对1.3.2节关键问题2中如何基于集成器件实现可动态调控的OAM阵列态的问题，本书提出了基于多边形的金属槽激励并动态调控OAM阵列态的新方法。该方法基于多边形金属槽激励SPP，在中心形成驻波场，即所谓的光学晶格。形成的驻波场可携带局域OAM，因此被称为OAM阵列态。事实上，携带局域OAM的光学晶格也被称为涡旋晶格。OAM阵列态的模场分布和局域OAM可由激励光束的SAM和OAM共同决定。

3.4.1　基本原理

为了产生OAM阵列态，本书借鉴了一般光学阵列态（光学晶格）的产生方法——利用多光束干涉形成驻波场[137]。多边形型光学OAM发射器的俯视和侧视示意图如图3.8(a)和(b)所示，此时边数$N=6$。圆偏振的LG光束从背面照射金属，每边金属槽所激励的SPP向着中心传播，并最终叠加形成驻波场。

与一般的环形金属槽不同，多边形的金属槽在激励SPP的过程中，需要同时考虑激励光束在金属槽上的场强和相位分布。具体来说，尽管LG光束的光环设计与多边形有较好的重叠，但是沿金属槽的强度变化依然明显，因此激励出的SPP在中间部分场强较强，边缘场强较弱，如图3.8(c)上图所示。同时，激励出的SPP光束等相位面将不平行于金属槽，而是成一定的倾角，如图3.8(c)下图所示，该倾角的大小与LG光束携带的OAM拓扑荷数有关[138]。

类似于环形金属槽的自旋-轨道耦合效应，如式(3.4)所示，多边形金属槽也会有类似的效应。LG光束的SAM（记为l）和OAM（记为s）对相邻边金属槽所激励的SPP的相位差都有贡献：

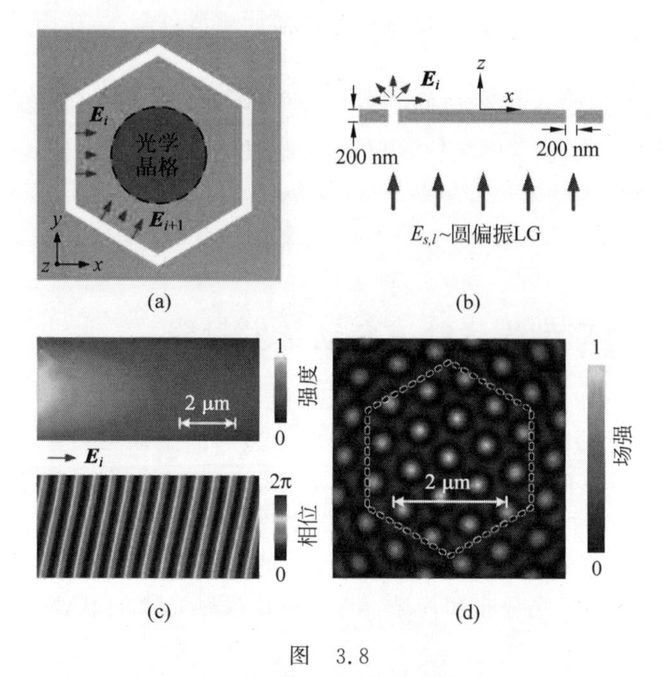

图　3.8

多边形型光学 OAM 发射器的俯视(a)和侧视(b)结构示意图；(c)某边金属槽激励的 SPP 的强度和相位俯视图；(d)典型的 OAM 阵列态的场强分布(见文前彩图)

$$\Delta\phi = \phi_{i+1} - \phi_i = -\frac{l+s}{N}2\pi \tag{3.26}$$

其中，$\phi_i(i=1\sim N, \phi_{N+1}=\phi_1)$表示了某一边金属槽所激励的 SPP 的相位。根据式(3.1)，假设某一边金属槽所激励的 SPP 为 $\boldsymbol{E}_i$，则 OAM 阵列态的电场表达式为

$$\boldsymbol{E} = \sum_{i=1}^{N}\boldsymbol{E}_i \mathrm{e}^{\mathrm{j}\phi_i} = \sum_{i=1}^{N}\boldsymbol{E}_i \mathrm{e}^{\mathrm{j}\phi_1+\mathrm{j}(i-1)\Delta\phi} \tag{3.27}$$

根据式(3.27)，计算 $l=7$ 且 $s=-1$ 的 LG 光束所激励的 OAM 阵列态，如图 3.8 (d)所示。从中可以看到所形成的驻波场有一定的畸变，一方面相对于多边形发生了一定角度的旋转，另一方面场强中间强、两边弱，这与之前所分析的 SPP 的性质是有对应关系的。尽管图 3.8(d)中，场强在两个周期之外迅速衰减，但由于畸变仅在驻波场的边缘比较明显，如果使用面积更大的多边形结构，OAM 阵列态的场强保持不衰减的区域会大很多。

最后，需要明确的是，激励光束的 SAM 不会给驻波场带来畸变，这是因为圆偏振在相同金属槽上有相同的分解基，即平行于槽的和垂直于槽的，因此不会在任一金属槽上产生不均一性。

3.4.2 数值计算和结果分析

接下来,用Matlab数值计算的方法对以上理论推导结果进行数值验证。具体地,根据式(3.1),可以写出金属槽上任意一点所激励的SPP的表达式,该表达式的幅度和相位与投影到这一点的LG光束的幅度和相位分别对应,且SPP的传播方向垂直于金属槽。之后,根据式(3.27)将金属槽上所有点以及所有金属槽激励的SPP进行线性叠加,就可以得到光学晶格的电场表达式。

首先,固定多边形的边数为$N=6$。根据式(3.26),$\Delta\phi$将有六种可能的取值。为了展示这六种取值对应的OAM阵列态的性质(观察面为金属上表面约10 nm处),LG光束的SAM和OAM分别为$s=1$和$l=-1\sim4$,对应图3.9中的(a)~(f)。随着$\Delta\phi$的变化,可以看到OAM阵列态的场强也发生了变化。总的来说,一共有三种类型的场强分布,分别为三角形、蜂窝形和六边形。尽管直观上看三者有较大的区别,但它们本质上都是从六边形继承而来的。

从图中还可以看到,随着激励光束OAM的改变,光学晶格的相位分布也发生了变化。正如相位分布所示,有些OAM阵列态具有非零拓扑荷数的局域OAM,而其他的拓扑荷数为0。在携带OAM的光束中,一般都具有相位奇点,围绕着奇点相位在0~2π之间周期性变化。根据以上性质,图3.9(b)和(c)的局域OAM拓扑荷数分别为1或者2,而图3.9(e)和(f)正好相反,分别为-2和-1。与之对应,图3.9(a)和(d)并没有涡旋性质,其相位为二值分布,并且携带的OAM拓扑荷数为0。

为了方便观察局域OAM的涡旋性质,图中还给出了坡印廷矢量的分布,其中矢量的长度进行了归一化处理。坡印廷矢量的旋转方向与拓扑荷数的正负有直接对应关系,图3.9(b)、(c)和(e)、(f)的坡印廷矢量方向完全相反,而(a)和(d)的坡印廷矢量几乎为0。这与前文从相位角度分析的结果是一致的。因此,当$\Delta\phi=0$或$\Delta\phi=\pi$时,驻波场具有的OAM拓扑荷数为0,其他情况下,OAM拓扑荷数不为0,而不同性质的OAM阵列态的切换仅需要改变LG光束的OAM,这可以通过SLM来实现,一般调制速度约为50 Hz。

由于散射力与能流成正比,局域OAM拓扑荷数不为0的OAM阵列态是一种非保守力场,会增强微粒的布朗运动,这对于研究微粒的扩散和经

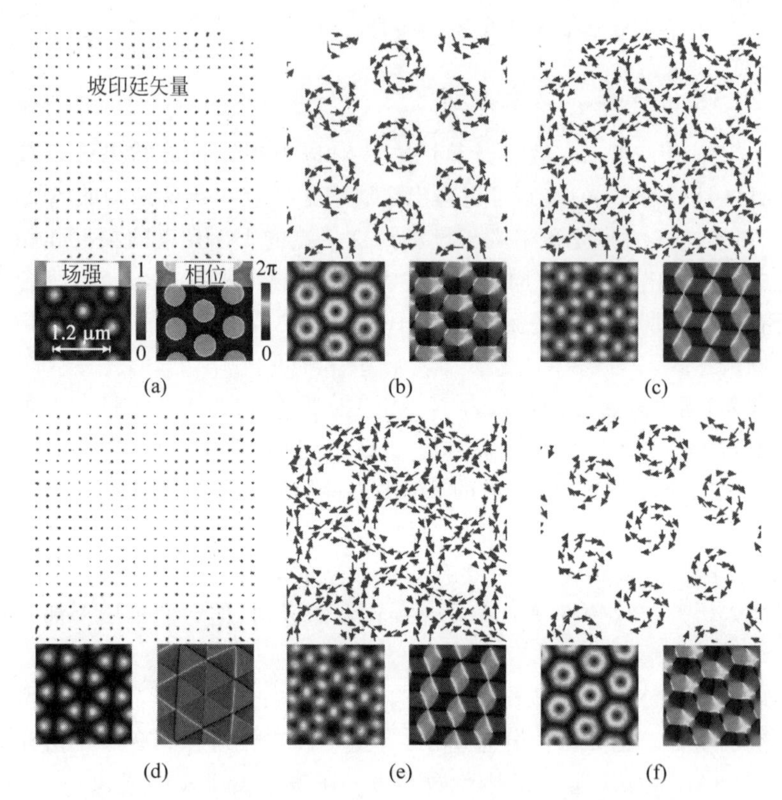

图 3.9 六边形下,OAM 阵列态的场强、相位和坡印廷矢量图

激励光束的 SAM 固定为 1,但 OAM 分别为 −1~4(见文前彩图)

典随机游走都具有重要意义[102]。尽管散射力会将微粒顺着坡印廷矢量的方向推动,但梯度力会使得微粒稳定在光强最大的区域[10]。这种可控的动态微粒操控,也可以用来做微流颗粒系统中的纳米微粒振荡器。局域 OAM 拓扑荷数为 0 的驻波场会提供稳定的捕获功能,而不为 0 的 OAM 拓扑荷数则能提供捕获与可控扩散功能。

根据式(3.26),相邻边 SPP 的相位差不仅由激励光束的 SAM 和 OAM 决定,还与多边形的结构有关。下面将固定激励光束的 SAM 和 OAM,数值计算 OAM 阵列态性质与多边形边数的关系。图 3.10 给出了三角形($N=3$)、正方形($N=4$)、五边形($N=5$)和八边形($N=8$)四种情况,第一列和第三列对应的激励光束为 $s=1$ 和 $l=3$,第二列和第四列对应的激励光束为 $s=1$ 和 $l=-4$。

不出意料地,所有的光学晶格都继承了原有多边形的形状。特别地,当

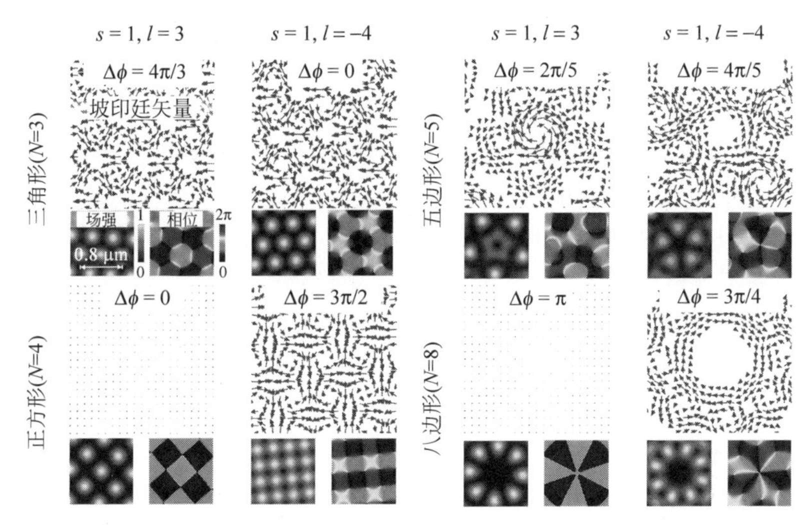

图3.10　不同多边形形状下OAM阵列态的场强、相位和坡印廷矢量图
激励光束的SAM为1，OAM分别为3或−4时(见文前彩图)

N为偶数时，$\Delta\phi=0$和$\Delta\phi=\pi$依然对应局域OAM拓扑荷数为0的情况；当N为奇数时，无论激励光束的SAM和OAM取何值，局域OAM拓扑荷数始终不为0。并且，激励光束的OAM拓扑荷数越高，越容易产生局域OAM拓扑荷数较高的OAM阵列态，例如八边形中产生的拓扑荷数为−3。

总结以上的结果：

(1) 多边形的边数N决定了所产生OAM阵列态的基本形状，例如六边形的金属槽可产生三角形、蜂窝形和六边形的光学晶格。同时，边数的奇偶性也很重要，边数为奇数时局域OAM拓扑荷数永不为0；

(2) LG光束的SAM、OAM和多边形边数共同决定了相邻SPP的相位差，该相位差直接决定了OAM阵列态的形状；

(3) LG光束的强度和相位分布会使得OAM阵列态的场强和相位发生畸变。

在光学晶格中，势井的深度，即最强点和最弱点的场强数值差，决定了其对微粒的捕获能力。多边形型光学OAM发射器所产生的OAM阵列态，其势井的深度完全可控，原因在于归一化的最强点为1，而最弱点始终为0。因此，该势井的深度可由激励光束的功率所决定，而后者由激光器的功率所决定。

多边形型光学 OAM 发射器能产生具有不同场强分布、不同横向电磁能流分布(即不同 OAM 分布)的光学晶格,在不同光学晶格间的动态切换可以通过 SLM 改变激励光束的参数来实现。该发射器充分利用了激励光学的 OAM 和 SAM,能够实现携带局域 OAM 的涡旋晶格,即 OAM 阵列态。

与使用阵列发射器实现 OAM 阵列态的常规思路相比,多边形型光学 OAM 发射器是单一器件,且结构简单,具有较好的动态调控功能,有望为片上微粒操控及其应用提供新的解决方案。

3.5 本章小结

本章介绍了两种基于 SPP 的光学 OAM 发射器。

(1) 阿基米德螺线型光学 OAM 发射器。面向基于 OAM 的微粒操控应用,利用激励光束在传播过程引入的径向相位梯度,连续调控 SPP 的 OAM 拓扑荷数,并可实现 OAM 分数态。相关工作成果已经发表于国际期刊 *Scientific Reports*,2016,6,36269,并在国际会议 Asia Communications and Photonics Conference(ACP)2016,AS2G-4 做口头报告。

(2) 多边形型光学 OAM 发射器。面向基于 OAM 的微粒操控应用,利用金属多边形结构产生 OAM 阵列态,可通过控制激励光束携带的角动量来动态调控 OAM 阵列态的场分布和拓扑荷数。相关工作成果已经发表于国际期刊 *Optics Letters*,2016,41,1478。

第4章　有限高维光学态的矩阵变换

4.1　引言

本章将介绍基于OAM态构建有限高维光学态，从而进行高维矩阵变换的基本方案。4.2节将首先介绍有限高维光学态的构建方法和基本性质，而后详细介绍高维矩阵变换的方案实现和系统效率；4.3节以一些常见的、重要的矩阵为例，给出数值计算和结果分析，从数值上验证方案的可行性。以上结果均面向基于OAM的信息处理应用。

尽管目前该方案基于空间光学，但未来将可能通过集成光子学技术进行集成，成为一种新的操控光学OAM的集成器件，可能的实现方案包括但不限于金属天线和介质天线[62,139,140]。

4.2　基本原理

针对1.3.3节关键问题3，如何利用OAM态的无限维度特性，构建有限高维光学态，并实现高维矩阵变换，本章提出了如图4.1所示的基于空间光学的系统结构，可实现N维的任意矩阵变换。在该方法中，仅采用了三个SLM，具有很好的拓展性和级联性，并且实现了OAM信息和空间编码信息的自然转化。

4.2.1　基于准角态构建有限高维光学态

为了构建物理可实现的有限高维光学态，本研究借鉴了OAM态的非对易量——角态，它们之间满足如下的傅里叶关系[141]：

$$\begin{cases} |\,l\rangle = \dfrac{1}{\sqrt{2\pi}}\displaystyle\int_{-\pi}^{\pi}\exp(-\mathrm{j}l\varphi)\,|\,\varphi\rangle\mathrm{d}\varphi \\ |\,\varphi\rangle = \dfrac{1}{\sqrt{2\pi}}\displaystyle\sum_{l=-\infty}^{\infty}\exp(\mathrm{j}l\varphi)\,|\,l\rangle \end{cases} \tag{4.1}$$

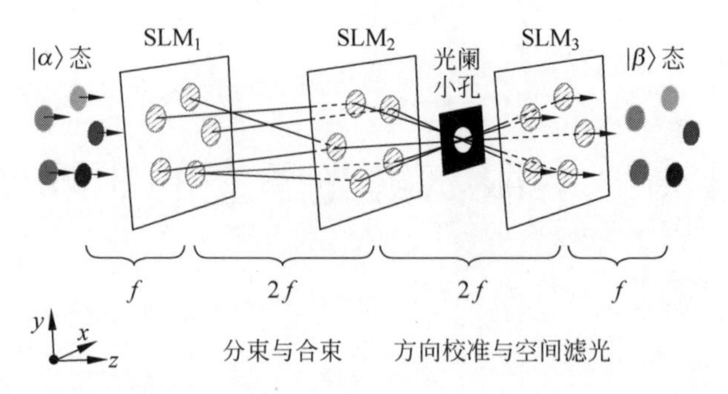

图 4.1 实现有限高维光学态的矩阵变换的系统结构(维度 $N=5$)(见文前彩图)

从式(4.1)中可以看到,角态也是无限维度的,任意一个角态是由无穷个 OAM 态线性叠加而成;与 OAM 态不同,角态在空间上是分离的,每一个角态都只占据无穷小的方位角,因此角态也是无法物理实现的[142,143]。为了既能够保留角态高维度和各态空间上分离的优势,又能够克服其物理不可实现的弊端,本书提出了构成封闭空间的有限维准角态(quasiangle state)概念,尽管在一定程度上牺牲了能够达到的最高维度,但是能够通过实际器件物理实现。

准角态定义为一束远离中心并具有一定方位角的高斯光束:

$$|\varphi_n\rangle = u(\boldsymbol{r}-\boldsymbol{r}_n),\quad n=1,2,\cdots,N \tag{4.2}$$

其中,$\boldsymbol{r}=(x,y)$,$\boldsymbol{r}_n=(r_0\cos\varphi_n, r_0\sin\varphi_n)$,$r_0$ 是光束离开中心的距离,$\varphi_n=2\pi(n-1)/N$ 是方位角,u 是高斯光束在光腰处的复振幅:

$$u(\boldsymbol{r})\mid_{z=0} = u_0\exp\left(-\frac{|\boldsymbol{r}|^2}{w_0^2}\right) \tag{4.3}$$

其中,$w_0 \ll r_0$ 为光腰尺寸。

定义了准角态以后,也可以通过傅里叶变换关系定义准 OAM 态:

$$\begin{cases} |l_m\rangle = \dfrac{1}{\sqrt{N}}\displaystyle\sum_{n=1}^{N}\exp(-\mathrm{j}l_m\varphi_n)\,|\varphi_n\rangle, & m=1,2,\cdots,N \\ |\varphi_m\rangle = \dfrac{1}{\sqrt{N}}\displaystyle\sum_{n=1}^{N}\exp(\mathrm{j}l_n\varphi_m)\,|l_n\rangle, & m=1,2,\cdots,N \end{cases} \tag{4.4}$$

其中,$l_m=m-1$。

这里,N 是同为准角态和准 OAM 态的维度,取值原则上可以是任意整数,但是实际应用时将受限于高斯光束空间分离这一条件,否则无法保证准角态的正交性,换句话说,高斯光束的尺寸和距离是受限的,从而限制了

N 的最大数值。在图 4.2 中，给出了角态和 OAM 纯态以及准角态和准 OAM 态之间的直观对比。

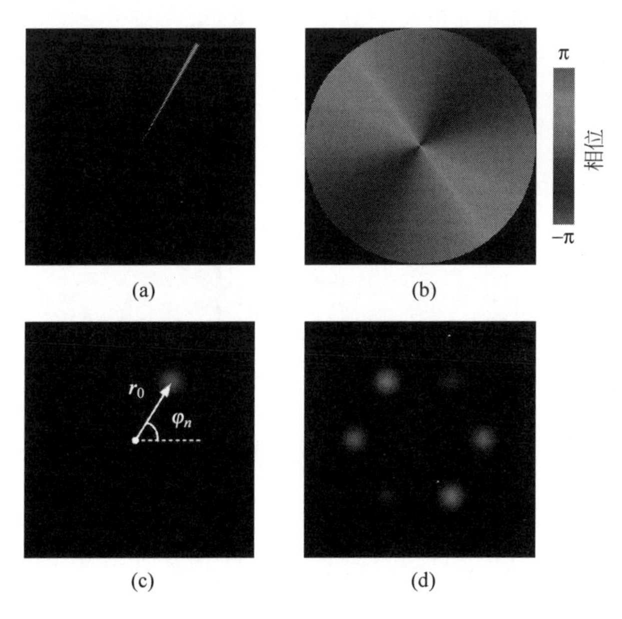

图　4.2

(a) 角态；(b) OAM 纯态；(c) 准角态；(d) 准 OAM 态($N=6$)的典型幅度相位分布

角态是由约 200 个 OAM 纯态线性叠加而成(见文前彩图)

对给定的 N，可以构建出任意的 N 维向量 $\boldsymbol{\alpha}=(\alpha_n)$：

$$|\alpha\rangle=\sum_{n=1}^{N}\alpha_n|\varphi_n\rangle \tag{4.5}$$

以及

$$|\beta\rangle=\sum_{n=1}^{N}\beta_n|\varphi_n\rangle \tag{4.6}$$

由此，可以定义 N 维向量之间的线性变换，满足 $\boldsymbol{\beta}=T\boldsymbol{\alpha}$，即 $|\beta\rangle=T|\alpha\rangle$。特别地，当 $T^{\dagger}T=TT^{\dagger}=I$ 时，矩阵是酉阵，保持变换前后光场总能量不变。

将 $|\varphi_n\rangle$ 取为高斯光束时，线性变换就可以通过光束的分束与合束来实现。已有的 SLM 可以很方便地实现任意光束的分束与合束，并且对应矩阵的参数可以动态调控。为此，本书提出了基于 SLM 实现高维矩阵变换的方案。

4.2.2 高维矩阵变换的实现方案

本书中提出的高维矩阵变换的实现原理如图 4.3 所示。包括两个主要的步骤：光束的分束与合束以及光束的方向校准与空间滤光，其中第二步的主要目的在于校正光束，从而保证所提出的基本方案可以通过进一步的级联拓展功能。

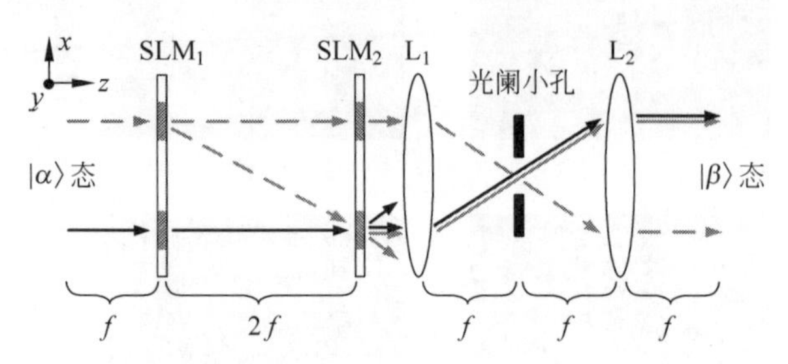

图 4.3 高维矩阵变换的实现原理($N=2$)(见文前彩图)

在图 4.3 中，给出了 $N=2$ 的最简单情况以方便介绍原理。形成$|\alpha\rangle$态的两束高斯光束首先沿 z 向水平照射到 SLM_1 上，而 SLM_1 上的全息模板会实现类似光栅的功能。具体来说，给定 $k_x \ll k$，$\exp(-\mathrm{j}k_x x)$式的全息模板会使得入射光束向 x 方向略微偏转 $\arctan(k_x/k)$。为了将$|\alpha\rangle$态中的任一高斯光束分束到不同方向，且具有不同的复振幅，不同的全息模板需要在 SLM_1 上进行叠加，因而 SLM_1 的全息模板表达式为

$$F_{\mathrm{diff1}}(\boldsymbol{r}) = \sum_{m,n=1}^{N} a_{mn} \exp\left[-\mathrm{j}\boldsymbol{k}^{mn} \cdot (\boldsymbol{r}-\boldsymbol{r}_n) + \mathrm{j}f_{mn}\right] F_{\mathrm{lens}}(\boldsymbol{r}-\boldsymbol{r}_n) \chi(\boldsymbol{r}-\boldsymbol{r}_n) \tag{4.7}$$

其中，a_{mn} 是从$|\alpha\rangle$态的第 n 束光束到$|\beta\rangle$态中的第 m 束光束的复传输系数，$\boldsymbol{k}^{mn}=(k_x^{mn}, k_y^{mn})$代表了光束将沿着 x 和 y 方向分别偏转角度 $\arctan(k_x^{mn}/k)$和 $\arctan(k_y^{mn}/k)$。在傍轴近似条件下，$\boldsymbol{k}^{mn}$ 的计算公式为

$$\boldsymbol{k}^{mn} = \frac{k(\boldsymbol{R}_m - \boldsymbol{r}_n)}{2f} \tag{4.8}$$

其中，$\boldsymbol{R}_m = (r_0\cos(\varphi_m+\pi), r_0\sin(\varphi_m+\pi))$。如图 4.3 所示，由于在之后采用了 $2f$ 透镜系统，这里特意将 SLM_2 上的高斯光束以圆心进行了对称映射，即将光束绕中心旋转 π。

光束偏转角越大，从 SLM_1 到 SLM_2 所经历的光程也越长，因此，对于不同的光束需要进行不同的相位补偿，即

$$f_{mn}=\frac{k\ |\boldsymbol{R}_m-\boldsymbol{r}_n\ |^2}{4f} \tag{4.9}$$

为了避免高斯光束经过自由空间传播后严重扩束并在 SLM_2 上发生重叠和串扰,在 SLM_1 上对每个高斯光束都增加了一个小透镜进行汇聚。需要指出的是,这个小透镜并不是真实的物理透镜,而是在 SLM_1 上增加了透镜的传输函数项。具体来说,在傍轴近似的条件下,并且忽略固定相移,焦距为 f 的小透镜的传输函数为

$$F_{\text{lens}}(\boldsymbol{r})=\exp\left(\frac{\mathrm{j}k\ |\boldsymbol{r}\ |^2}{2f}\right) \tag{4.10}$$

二值函数 $\chi(\boldsymbol{r})$在$|\boldsymbol{r}|$小于一定阈值时为1,其余情况取值为0,目的是防止 SLM_2 上不同 n 对应的全息模板之间有空间重叠。该阈值可由高斯光束的光腰尺寸以及它们之间的空间距离来决定。

由于 SLM_1 上有诸多叠加的全息模板,这就需要对幅度和相位同时调制。尽管 SLM 一般只能实现相位调制,但是已经有报道基于一个 SLM 或者两个 SLM 来同时实现幅度和相位的调制[144,145]。在研究中,采用了文献[26]中一个 SLM 的方法。需要考虑幅度调制的全息模板会有损耗,因为对任意的 x 和 y 都必须要满足:

$$|\ F_{\text{diff1}}(\boldsymbol{r})\ |\leqslant 1 \tag{4.11}$$

在式(4.7)中右边达到两个加和项时,就需要幅度调制,这会不可避免地带来能量损失,加和的上限为

$$\left|\sum_{m=1}^{N}a_{mn}\exp\left[-\mathrm{j}\boldsymbol{k}^{mn}\cdot(\boldsymbol{r}-\boldsymbol{r}_n)+\mathrm{j}f_{mn}\right]F_{\text{lens}}(\boldsymbol{r}-\boldsymbol{r}_n)\right|\leqslant\sum_{m=1}^{N}|\,a_{mn}\,| \tag{4.12}$$

并且对于$\forall n\in\{1,2,\cdots,N\}$均成立。为了方便后文的分析计算,在这里考虑适当强一些的上限

$$\sum_{m=1}^{N}|\ a_{mn}\ |\leqslant 1,\quad \forall n\in\{1,2,\cdots,N\} \tag{4.13}$$

作为物理上可实现的全息模板的必要条件。

在完成了分束与合束之后,任一重构的高斯光束均由来自不同方向的高斯光束叠加而成。如果考虑到系统的级联性,需要把不同方向的高斯光束进行方向校准至 z 方向。方向校准这一操作可通过 SLM_2 上的全息模板来实现,但这样做的代价是会产生杂散光束,降低了系统的效率。为了消除杂散光束,可以通过在近场摆放 N 个精心放置的小孔来实现空间滤光,也

可以通过在远场设置一个 $2f$ 的透镜系统和中心小孔来实现空间过滤。在本研究中，采用了第二种方法来进行空间滤光。

图 4.3 中，在 SLM_2 上下方的高斯光束由两束构成。为了使两束中上方一束（绿色虚线）回到 z 方向，需要在 SLM_2 上编写使光向 $+x$ 偏折的全息模板。但是该模板也会不可避免地使得两束中的下方一束（红色实线）往 $+x$ 的方向偏折，从产生了杂散光束。与此同时，为了使下方的光束继续沿着 z 方向传播，SLM_2 上需要使光束通过但不改变传输方向的全息模板，但这会使得上方的光束也沿着原有方向传播，从而又产生了一束杂散光束。因此，任意到达 SLM_2 的光束，一部分会被分束到 z 方向，另一部分则被散射到其他方向。后续的 $2f$ 系统中，通过透镜 L_1 实现傅里叶变换，并在傅里叶平面通过光阑小孔将杂散光束进行滤除，而仅留下沿 z 向传播的部分。

在实际应用中，可以将透镜 L_1 集成在 SLM_2 上。因此，考虑透镜 L_1 后，SLM_2 的全息模板表达式为

$$F_{\text{diff2}}(\boldsymbol{r}) = \sum_{m,n=1}^{N} b_{mn} \exp[\mathrm{j}\boldsymbol{k}^{mn} \cdot (\boldsymbol{r} - \boldsymbol{R}_m)] \chi(\boldsymbol{r} - \boldsymbol{R}_m) F_{\text{lens}}(\boldsymbol{r}) \tag{4.14}$$

其中，b_{mn} 是将 $|\alpha\rangle$ 态的第 n 束光束方向校准到 $|\beta\rangle$ 态中的第 m 束光束的复权重，且上式依然具有上限：

$$\sum_{n=1}^{N} |b_{mn}| \leqslant 1, \quad \forall m \in \{1,2,\cdots,N\} \tag{4.15}$$

不难看出，在这一步中，不仅 SLM_2 的幅度调制会带来能量损失，而且空间滤光也会带来能量损失。

最后，考虑系统级联性，为了保证 $|\beta\rangle$ 态中的高斯光束恰好在透镜 L_2 后的一个焦距距离处于光腰，需要与 SLM_1 上类似的实现光束聚焦的小透镜。因此，将透镜 L_2 和小透镜都集成到 SLM_3 上，其全息模板表达式为

$$F_{\text{diff3}}(\boldsymbol{r}) = \sum_{n=1}^{N} F_{\text{lens}}(\boldsymbol{r} - \boldsymbol{r}_n) \chi(\boldsymbol{r} - \boldsymbol{r}_n) F_{\text{lens}}(\boldsymbol{r}) \tag{4.16}$$

给出了 3 个 SLM 的全息模板表达式之后，就得到了如图 4.1 所示的系统结构，其中给出的是 $N=5$ 的情况。

4.2.3　系统效率

为了获得从 $|\alpha\rangle$ 态到 $|\beta\rangle$ 态的任意 N 维矩阵变换 $\boldsymbol{T} = \boldsymbol{t}_{m\times n}$，矩阵 $\boldsymbol{a}_{m\times n}$

和 $\boldsymbol{b}_{m\times n}$ 需要满足：

$$\boldsymbol{a}_{m\times n}\boldsymbol{b}_{m\times n}=\eta\boldsymbol{t}_{m\times n},\quad \forall m,n\in\{1,2,\cdots,N\} \tag{4.17}$$

其中，$\eta\leqslant 1$ 是实现效率，矩阵 $\boldsymbol{a}_{m\times n}$ 和 $\boldsymbol{b}_{m\times n}$ 受限于：

$$\sum_{m=1}^{N}|\boldsymbol{a}_{m\times n}|\leqslant 1,\quad \forall n\in\{1,2,\cdots,N\} \tag{4.18}$$

以及

$$\sum_{n=1}^{N}|\boldsymbol{b}_{m\times n}|\leqslant 1,\quad \forall m\in\{1,2,\cdots,N\} \tag{4.19}$$

这里首先考虑 $\boldsymbol{T}$ 仅有非零元素。注意到 $\boldsymbol{a}_{m\times n}$ 和 $\boldsymbol{b}_{m\times n}$ 的取值可以进行选择，使得其中的一个式子成为等式。不失一般性的，假设：

$$\sum_{m=1}^{N}|\boldsymbol{a}_{m\times n}|=1,\quad \forall n\in\{1,2,\cdots,N\} \tag{4.20}$$

这样，任意 $\boldsymbol{a}_{m\times n}$ 的增加，总是伴随着 $\boldsymbol{b}_{m\times n}$ 相应的减小，从而保证式(4.17)始终成立。进一步假设 $\boldsymbol{a}_{m\times n}$ 总是正实数，而相位信息都记载在 $\boldsymbol{b}_{m\times n}$ 上。在此基础上，可以得到

$$\boldsymbol{b}_{m\times n}=\eta\frac{t_{mn}}{\boldsymbol{a}_{m\times n}},\quad \forall m,n\in\{1,2,\cdots,N\} \tag{4.21}$$

则式(4.19)变为

$$\sum_{n=1}^{N}\frac{|\boldsymbol{t}_{m\times n}|}{\boldsymbol{a}_{m\times n}}\leqslant\frac{1}{\eta},\quad \forall m\in\{1,2,\cdots,N\} \tag{4.22}$$

事实上，不等式(4.22)也可以转化为等式。利用迭代算法，将 $\boldsymbol{a}_{m\times n}$ 进行两两调整，使得该不等式的上限能够达到，而式(4.20)依然成立。

接下来的问题是最小化：

$$U=\sum_{m,n=1}^{N}\frac{|\boldsymbol{t}_{m\times n}|}{\boldsymbol{a}_{m\times n}} \tag{4.23}$$

其受限于：

$$\begin{cases}\displaystyle\sum_{m=1}^{N}|\boldsymbol{a}_{m\times n}|=\text{const},\quad \forall n\in\{1,2,\cdots,N\}\\ \displaystyle\sum_{n=1}^{N}\frac{|\boldsymbol{t}_{m\times n}|}{\boldsymbol{a}_{m\times n}}=\text{const},\quad \forall m\in\{1,2,\cdots,N\}\end{cases} \tag{4.24}$$

通过 Lagrange 最优化方法，不难得到

$$\begin{cases}\boldsymbol{a}_{m\times n}=\dfrac{u_m}{v_n}\sqrt{|\boldsymbol{t}_{m\times n}|}\\ \boldsymbol{b}_{m\times n}=\eta\dfrac{v_n}{u_m}\sqrt{|\boldsymbol{t}_{m\times n}|}\exp[\mathrm{j}\arg(\boldsymbol{t}_{m\times n})]\end{cases} \tag{4.25}$$

其中，u_m 和 v_n 满足

$$\begin{cases} \sum_{m=1}^{N} \sqrt{|\boldsymbol{t}_{m\times n}|}\, u_m = v_n \\ \eta \sum_{n=1}^{N} \sqrt{|\boldsymbol{t}_{m\times n}|}\, v_n = u_m \end{cases} \tag{4.26}$$

或者，令 $S=(\sqrt{|\boldsymbol{t}_{m\times n}|})$，得到

$$\begin{cases} \boldsymbol{S}^{\mathrm{T}}\boldsymbol{u}=\boldsymbol{v} \\ \eta\boldsymbol{S}\,\boldsymbol{v}=\boldsymbol{u} \end{cases} \tag{4.27}$$

可进一步转化为特征方程

$$\boldsymbol{S}^{\mathrm{T}}\boldsymbol{S}\boldsymbol{v}=\frac{1}{\eta}\boldsymbol{v} \tag{4.28}$$

根据 Perron-Frobenius 定理[146]，选择式(4.28)中最大的特征值，就能保证特征根$\boldsymbol{v}$ 中的所有元素均为正数。尽管选择最大的特征值与最大化 η 相悖，但是考虑到对称矩阵 $\boldsymbol{S}^{\mathrm{T}}\boldsymbol{S}$ 特征空间的正交性，其他特征根均不满足之前的条件假设。根据线性代数的连续性，上述结论可以推广到 T 包含零元素的情况，也可以拓展到实现非方阵的情况（即 $|\alpha\rangle$ 态和 $|\beta\rangle$ 态维度不同）。

当 $\boldsymbol{S}^{\mathrm{T}}\boldsymbol{S}$ 为单位阵时，理论上矩阵 $\boldsymbol{T}$ 的实现效率为 100%。但需要特别指出的是，这并不意味着 $\boldsymbol{T}$ 本身为酉阵时，可以实现 100%的效率。事实上，只有当 $\boldsymbol{T}$ 为广义排列矩阵时，才有 $\eta=1$，此时 $|\alpha\rangle$ 态和 $|\beta\rangle$ 态中的光束一一对应。最差的情况是 $\boldsymbol{T}$ 中所有元素具有相同的幅值，例如离散傅里叶变换(DFT)矩阵。对于类似的矩阵，实现效率的通用理论下限为 $\eta=N^{-3/2}$。

4.3 数值计算和结果分析

在本研究中，假设所有的光场均满足傍轴近似条件。利用 Fresnel-Huygens 原理来计算光场的传播[132]：

$$\boldsymbol{E}(x,y,z)=\frac{\mathrm{j}\mathrm{e}^{-\mathrm{j}k(z-z_0)}}{(z-z_0)\lambda}\iint \boldsymbol{E}_0(x_0,y_0,z_0)\mathrm{e}^{-\mathrm{j}k\frac{(x-x_0)^2+(y-y_0)^2}{2(z-z_0)}}\mathrm{d}x_0\mathrm{d}y_0 \tag{4.29}$$

其中，$\boldsymbol{E}(x,y,z)$表示观测点的电场，$\boldsymbol{E}_0(x_0,y_0,z_0)$表示源平面上某一点的电场，因此从 x 空间的角度，从源平面上所有点到某一观测点的电磁场传

播，本质上对应了一个卷积计算过程。

事实上，在计算过程中，需要频繁地面对一束高斯光束经过 SLM（上面写有全息光栅模板）透射后发生一定偏折，并继续传播的场景。为了验证根据式所得到的数值计算结果的准确性，附录 C 推导了具有一定倾斜角度的高斯光束的解析表达式。以该解析表达式和式(4.29)为基础，经过 Matlab 数值验证，数值计算结果和解析结果保持一致。与此同时，由于 SLM 本身是像素化的，因此通过理论推导很难刻画出 SLM 的像素化对光束的影响程度，而数值计算则能更方便地刻画出 SLM 的这一特征。综合以上两点考虑，在本研究中，完全采用了数值计算结果来研究和评估这一实现高维矩阵变换的方案，而未采用从高斯光束的解析式出发进行理论推导而获得的解析结果。

在数值计算中，采用了一个调制相位的 SLM 来同时调制幅度和相位，编码方式为棋盘法[26]，这样做的代价是降低了 SLM 的空间分辨率。在该方法中，两个相邻的像素点被配对为一个超级像素点，其原理如图 4.4 所示。对任意位于单位圆内的复变量，总能在单元上找到两个点，其代数和的一半等于该复变量，即：

$$\rho\exp(\mathrm{j}\theta)=\frac{1}{2}\left[\exp(\mathrm{j}\theta_1)+\exp(\mathrm{j}\theta_2)\right],\quad 0\leqslant\rho\leqslant 1 \tag{4.30}$$

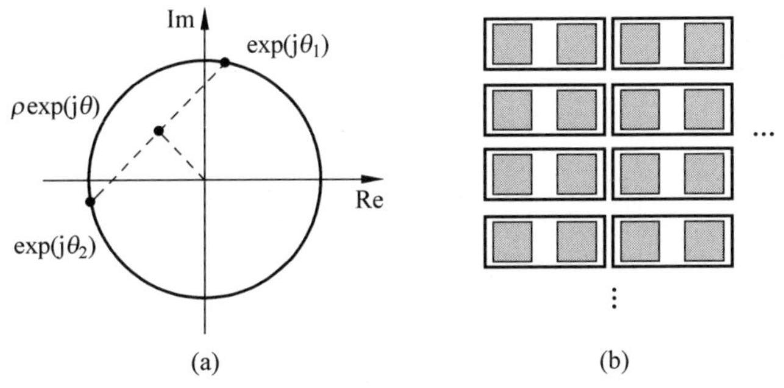

图　4.4

(a) 棋盘法实现幅度和相位调制的原理；(b) 相邻的像素点配对成为超级像素点

因此，对于任意幅度和相位调制，经过归一化后，总能用一个个能调制相位的 SLM 来近似其功能。不失一般性，这里将 SLM 的 x 方向上的相邻像素点进行匹配。直观地说，这会导致 SLM 的空间分辨率在 x 方向上下降约一半，但在 y 方向上几乎保持不变。

此外，在数值计算中，光束的波长为 1.55 μm，光腰尺寸 w_0 为 150 μm，

焦距 f 为 0.15 m。SLM 的像素点大小为 8 μm(参考了 HOLOEYE 光子公司的 PLUTO 型 SLM 产品,并且为了方便,采用透射式来代替实际的反射式)。另外,为了方便展示计算结果,在 SLM3 上还附加了额外的恒定相差。尽管在下面的仿真计算中采用了 $N=5$,需要指出的是本研究的方法也可以拓展到其他维度。

4.3.1 广义 Pauli 矩阵

Pauli 矩阵是三个 2×2 的具有复数性、酉性和厄米性的矩阵。Pauli 矩阵在量子力学中具有非常重要的基础地位,可以描述对量子 bit 态的线性操作。在离散相空间,矩阵$\boldsymbol{\sigma}_1$ 代表位移,矩阵$\boldsymbol{\sigma}_3$ 代表动量的改变。人们将这两个 Pauli 矩阵拓展到了高维空间,称为广义 Pauli 矩阵,也称为 Weyl 和 Schwinger 矩阵[147,148],分别对应了 Shift 矩阵

$$\boldsymbol{\Sigma}_1 = \begin{bmatrix} 0 & 0 & \cdots & 0 & 1 \\ 1 & 0 & \cdots & 0 & 0 \\ 0 & 1 & \cdots & 0 & 0 \\ \vdots & \vdots & \ddots & \vdots & \vdots \\ 0 & 0 & \cdots & 1 & 0 \end{bmatrix} \tag{4.31}$$

和 Clock 矩阵

$$\boldsymbol{\Sigma}_3 = \begin{bmatrix} 1 & 0 & 0 & \cdots & 0 \\ 0 & \omega & 0 & \cdots & 0 \\ 0 & 0 & \omega^2 & \vdots & \vdots \\ \vdots & \vdots & \vdots & \ddots & \vdots \\ 0 & 0 & 0 & \cdots & \omega^{N-1} \end{bmatrix} \tag{4.32}$$

其中,$\omega=\exp(\mathrm{j}2\pi/N)$。值得注意的是,广义 Pauli 矩阵仅继承了$\boldsymbol{\sigma}_1$ 和$\boldsymbol{\sigma}_3$ 的部分性质,其并不满足厄米性,并且在高维下没有$\boldsymbol{\sigma}_2$ 相对应的矩阵。

根据准角态和准 OAM 态之间的关系,不难得出

$$\begin{cases} \boldsymbol{\Sigma}_1 \mid \varphi_n\rangle = \mid \varphi_{n+1}\rangle, \quad 1 \leqslant n < N \\ \boldsymbol{\Sigma}_1 \mid \varphi_N\rangle = \mid \varphi_1\rangle \end{cases} \tag{4.33}$$

以及

$$\boldsymbol{\Sigma}_3 \mid \varphi_n\rangle = \omega^{n-1} \mid \varphi_n\rangle, \quad \forall n \in \{1,2,\cdots,N\} \tag{4.34}$$

因此,Shift 矩阵$\boldsymbol{\Sigma}_1$ 意味着平移操作,而 Clock 矩阵$\boldsymbol{\Sigma}_3$ 意味着延时操作。相应的数值计算结果如图 4.5(a)所示。

同样的两个线性操作,在准 OAM 态为基的情况下,会有不一样的性

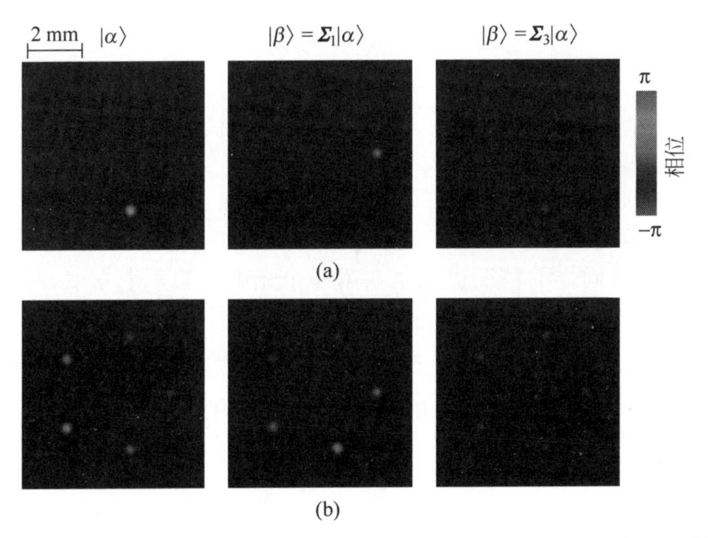

图 4.5　在准角态(a)和准 OAM 态(b)基下的 Shift 矩阵和 Clock 矩阵(见文前彩图)

质。不难得出

$$\boldsymbol{\Sigma}_1 \mid l_n\rangle = \omega^{n-1} \mid l_n\rangle, \quad \forall n \in \{1,2,\cdots,N\} \tag{4.35}$$

以及

$$\begin{cases} \boldsymbol{\Sigma}_3 \mid l_n\rangle = \mid l_{n-1}\rangle, & 1 < n \leqslant N \\ \boldsymbol{\Sigma}_3 \mid l_1\rangle = \mid l_N\rangle \end{cases} \tag{4.36}$$

在准 OAM 态基下,$\boldsymbol{\Sigma}_1$ 等效成为了 Clock 矩阵,而$\boldsymbol{\Sigma}_3$ 等效成为了 Shift 矩阵,如图 4.5(b)所示。

以上两个广义 Pauli 矩阵的理论实现效率为 100%。数值计算中,其效率为

$$\eta = \left| \frac{\langle \beta_{\mathrm{cal}} \mid \beta_{\mathrm{id}}\rangle}{\langle \beta_{\mathrm{id}} \mid \beta_{\mathrm{id}}\rangle} \right| \tag{4.37}$$

其中,$|\beta_{\mathrm{id}}\rangle$是理论输出状态,而$|\beta_{\mathrm{cal}}\rangle$是数值计算得到的输出状态。在以上的例子中,计算出的实现效率为 91.78%±2.21%。数值略低于理论值,这主要是由于 SLM 有限尺寸的像素引入的衍射效应。

4.3.2　一些稀疏矩阵

排列矩阵是 Pauli 矩阵的进一步拓展,也可以具有理论实现效率 100%。这里数值计算了一种特殊的排列矩阵

$$\boldsymbol{T}_1 = \begin{bmatrix} 0 & 1 & 0 & 0 & 0 \\ 1 & 0 & 0 & 0 & 0 \\ 0 & 0 & 1 & 0 & 0 \\ 0 & 0 & 0 & 0 & 1 \\ 0 & 0 & 0 & 1 & 0 \end{bmatrix} \tag{4.38}$$

计算结果如图 4.6(a)所示。对比$|\beta\rangle$态和$|\alpha\rangle$态,第 1 个光束和第 2 个光束被互换了,同样的情况也发生在第 4 个光束和第 5 个光束,而第 3 个光束保持不变。因此,$\boldsymbol{T}_1$ 矩阵的变换得以完成,且计算实现效率为 91.99%。

当每一行或者每一列有多于一个元素的时候,效率会恶化。例如,这里给出了能够刻画经典随机游走的对角 Toeplitz 矩阵

$$\boldsymbol{T}_2 = \frac{1}{\sqrt{3}} \begin{bmatrix} 0 & 1 & 0 & 0 & 0 \\ 1 & 0 & 1 & 0 & 0 \\ 0 & 1 & 0 & 1 & 0 \\ 0 & 0 & 1 & 0 & 1 \\ 0 & 0 & 0 & 1 & 0 \end{bmatrix} \tag{4.39}$$

计算结果如图 4.6(b)所示。尽管该矩阵并不具有酉性,但依然是能够实现的,计算实现效率为 52.78%,而理论实现效率为 $1/\sqrt{3} \approx 57.74\%$。计算效率略低依然是由于 SLM 有限尺寸的像素引入的衍射效应。

进一步,图 4.6 还给出了矩阵变换中两个关键位置的幅度和相位分布。第二列是 SLM_1 前的光场分布,可以清晰地看到由于光束传播而引起的扩

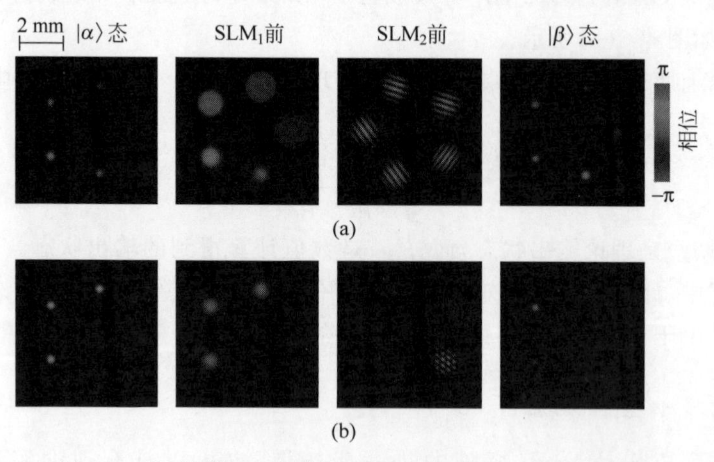

图 4.6 排列矩阵(a)和对角 Toeplitz 矩阵(b)(见文前彩图)

束；第三列是 SLM_2 前的光场分布，可以看到来自不同方向的高斯光束的干涉效果。

4.3.3　离散傅里叶变换矩阵

为了进一步研究含有非零元素的矩阵，这里计算了一个不含零元素的矩阵——DFT 矩阵

$$\boldsymbol{W}=\frac{1}{\sqrt{N}}\begin{bmatrix}1 & 1 & 1 & \cdots & 1\\ 1 & \omega & \omega^{2} & \cdots & \omega^{N-1}\\ 1 & \omega^{2} & \omega^{4} & \cdots & \omega^{2(N-1)}\\ \vdots & \vdots & \vdots & \ddots & \vdots\\ 1 & \omega^{N-1} & \omega^{2(N-1)} & \cdots & \omega^{(N-1)(N-1)}\end{bmatrix} \tag{4.40}$$

同样，根据准角态和准 OAM 态的傅里叶关系，不难得出

$$\begin{cases}|l_n\rangle=\boldsymbol{W}^{-1}|\varphi_n\rangle, & \forall n\in\{1,2,\cdots,N\}\\ |\varphi_n\rangle=\boldsymbol{W}|l_n\rangle, & \forall n\in\{1,2,\cdots,N\}\end{cases} \tag{4.41}$$

其中，式(4.41)表示对于任意一个准 OAM 态，经过 DFT 变换之后，可以映射为某一高斯光束。这代表了一种对 OAM 拓扑荷数检测的全新方法，唯一的要求是准 OAM 态能够完整地继承携带 OAM 光束的信息。由于准 OAM 态的数目为 N 个，因此它们各自代表了一系列携带 OAM 的光束，其拓扑荷数满足 $l\equiv l_n \bmod N$，只要满足准 OAM 态是携带 OAM 光束的空间采样。因此需要指出的是，当 $w_0\ll r_0$ 时，OAM 拓扑荷数为 l_n+mN $(m\in Z)$ 的光束在该检测方法中将无法区分。

在如图 4.7 所示的计算结果中，输入的 LG 光束通过圆孔进行空间滤光，得到了 $|\alpha\rangle$ 态，圆孔的半径是高斯光束光腰尺寸的 1.5 倍。该 $|\alpha\rangle$ 态经过 DFT 矩阵变换后，映射到不同的位置。在 $2f$ 系统空间滤光之前的光场如第三列所示，可以清晰地看到杂散光束，小孔如白色虚线所示，使得中间的光场得以顺利通过。以上五个例子中，计算实现效率为 8.41%±1.10%，对比理论实现效率为 $5^{-3/2}\approx 8.94\%$。某些计算的实现效率甚至超过了理论值，这是由于圆孔尺寸较大，且得到 $|\alpha\rangle$ 态的光束边缘被直接截断而非完美空间滤光。

事实上，OAM 光束的检测方法多种多样，有的是利用光场变换的方法[149-151]，有的直接利用了 SLM[26]，有的利用了光场本身的干涉效应[152,153]等，本方法基于 DFT 矩阵，为 OAM 光束的检测提供了新的思路。

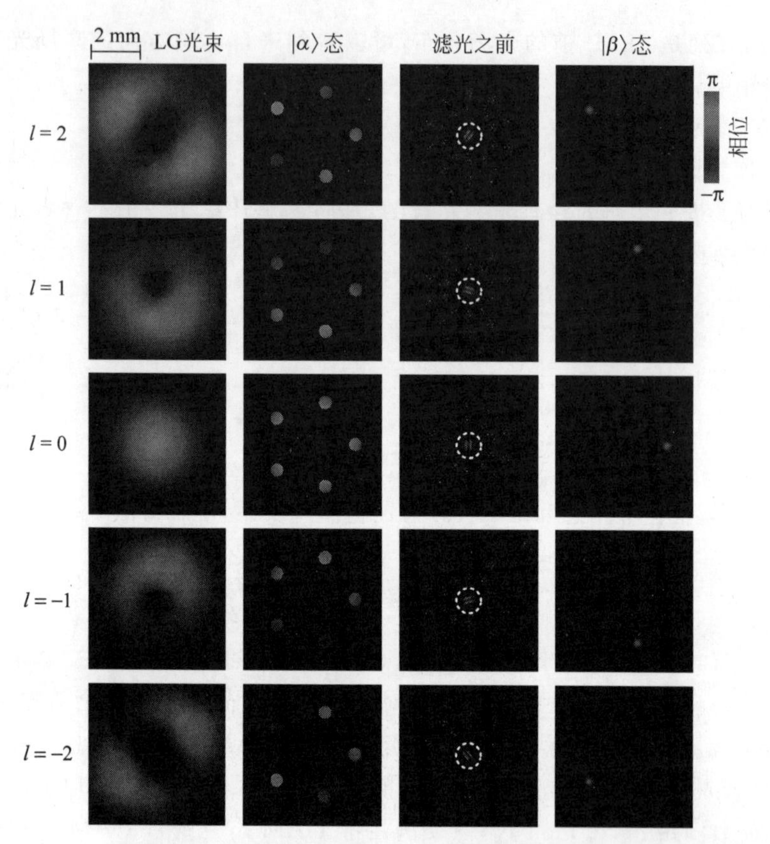

图 4.7 用 DFT 矩阵实现 LG 光束 OAM 拓扑荷数的检测(见文前彩图)

与之对应,逆 DFT 矩阵可以用来产生准 OAM 态,甚至 OAM 纯态[154]。图 4.8 给出了当 $n=4$ 时,从准角态得到准 OAM 态的数值计算结果。

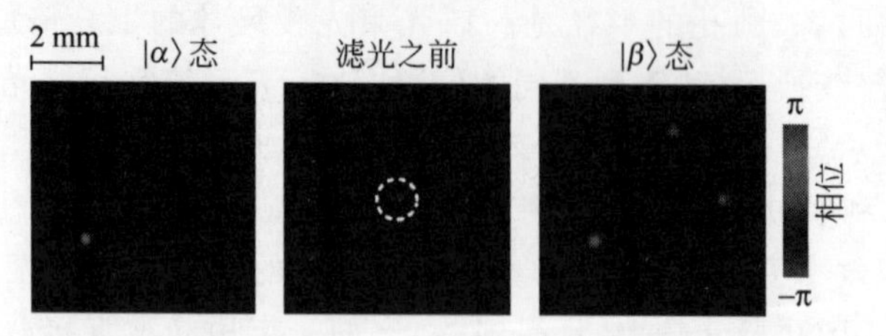

图 4.8 通过逆 DFT 矩阵变换,从准角态产生准 OAM 态(见文前彩图)

4.3.4 结果分析

从 OAM 的维度特性出发,通过引入有限高维光学态——准角态,提出了任意高维矩阵变换的实验方案，并通过仿真计算给予验证。经理论推导和数值验证，任意矩阵变换的效率通用理论下限为 $\eta = N^{-3/2}$。在计算中，实现了多种酉阵或非酉阵。尽管仅实现了方阵变换，但该方案可以很方便地拓展到其他任意的非方阵变换。更重要的是，高斯光束的位置排布不一定呈环形，可以根据实际需要排布为其他形状。

在实验实现中，首先需要注意的是，所用到的光学元器件要彼此之间保持稳定，系统的对准精度要求较高。其次，SLM 本身会有散射损耗，可考虑采用透射式的定制元件来替代 SLM，在实验中提高效率[149]。下一步，可通过光子集成技术，利用纳米介质天线或金属天线实现相移功能[62,139,140,155]，将该复杂的光学系统进行集成，缩小系统尺寸并提高动态调控特性。

4.4　本章小结

本章借鉴与 OAM 纯态非对易的光学角态，提出了物理上可实现的构成高维封闭空间的有限维准角态概念。基于此概念进一步提出了面向基于 OAM 的信息处理应用的高维矩阵变换方法，并且系统复杂度与矩阵维度无关，有望进一步实现新型光量子操控、OAM 光束的检测和产生等功能。相关工作成果已经发表于国际期刊 *Physical Review A*，2017，95，033827，并被选为编辑推荐（highlighted by editors' suggestion）文章，在期刊的网站首页推送。

第5章 总　　结

本书对动态操控光学 OAM 的集成器件进行了深入的理论和实验研究,本书的主要研究内容和研究成果包括:

(1) 提出并实现了带有热光调控单元的蛛网型光学 OAM 发射器,仅需 0.4%的最大调制比就可在 9 个不同拓扑荷数(−4～4)的 OAM 纯态之间动态切换,相邻状态的调节驱动功率仅为约 20 mW;

(2) 提出并实现了带有热光调控单元的齿轮型光学 OAM 发射器,通过控制输入光波长和双向能量配比实现了模式半径和 OAM 流的独立调节,OAM 叠加态的平均拓扑荷数可在−5～5 之间连续调节;

(3) 提出了利用激励光束在传播过程引入的径向相位梯度,来连续调控 SPP 的 OAM 拓扑荷数的方法,并可实现 OAM 分数态;进一步提出了利用金属多边形结构产生 OAM 阵列态的方法,可通过控制激励光束携带的角动量来动态调控 OAM 阵列态的场分布和拓扑荷数;

(4) 借鉴与 OAM 纯态非对易的光学角态,提出了物理可实现的构成高维封闭空间的有限维准角态概念,基于此概念可以实现系统复杂度与矩阵维度无关的高维矩阵变换方法,有望进一步实现新型光量子操控、OAM 光束的检测和产生等功能。

作者对进一步的工作提出了以下几点建议:

(1) 对于蛛网型光学 OAM 发射器,本书以热光调控为例,进行了实验论证,但还有很大的改进空间,包括但不限于:通过增加散射单元数目、进一步优化散射单元结构来提高光束的质量,实现偏振态多样化的矢量 OAM 光束;引入 PN 结,通过等离子色散效应,以达到更高的调制速率,但 PN 结需要巧妙设计以获得较大的等效折射率调制比,并避免器件尺寸过大;探索除信息传输之外的其他可能应用,例如高维量子态操控等;

(2) 对于齿轮型光学 OAM 发射器,本书以其他课题组的 OAM 发射器为基础进行了实现,后续建议以蛛网型光学 OAM 发射器为基础,在实现 OAM 叠加态的动态调控的基础上,继续发挥蛛网型光学 OAM 发射器自身的特点和优势;

(3) 对于阿基米德螺线型和多边形型光学 OAM 发射器,本书仅做了数值仿真,后续还需要进行实验论证,进行集成器件的制备和测试,通过与微流系统进行集成,真正实现对微粒的操控;

(4) 对于有限高维光学态的矩阵变换,本书仅从理论分析的角度,给出了系统的实现方案,后续工作的开展空间还很大,包括但不限于:对基于空间光路的系统进行实验论证,探索有现实意义的应用;将 SLM 置换为可定制的变折射率透射材料,提高系统效率;将整个系统利用金属天线或者介质天线进行集成,通过集成器件实现特定矩阵变换的系统。

参考文献

[1] Yao A M, Padgett M J. Orbital angular momentum: origins, behavior and applications[J]. Advances in Optics and Photonics, 2011, 3(2): 161-204.

[2] Poynting J H. The wave motion of a revolving shaft, and a suggestion as to the angular momentum in a beam of circularly polarised light[J]. Proceedings of the Royal Society A, 1909, 82(557): 560-567.

[3] Jackson J D, Zia R K P. Classical Electrodynamics[M]. Wiley, 1999.

[4] Allen L, Beijersbergen M W, Spreeuw R J C, et al. Orbital angular momentum of light and the transformation of Laguerre-Gaussian laser modes[J]. Physical Review A, 1992, 45: 8185-8189.

[5] Barnett S M, Babiker M, Padgett M J. Optical orbital angular momentum[J]. Philosophical Transactions of the Royal Society A: Mathematical, Physical and Engineering Sciences, 2017, 375: 20150444.

[6] Padgett M, Courtial J, Allen L. Light's orbital angular momentum[J]. Physics Today, 2004 57(5): 35.

[7] Franke-Arnold S, Allen L, Padgett M. Advances in optical angular momentum[J]. Laser & Photonics Review, 2008, 2(4): 299-313.

[8] Wang J, Yang J Y, Fazal I M, et al. Terabit free-space data transmission employing orbital angular momentum multiplexing[J]. Nature Photonics, 2012, 6: 488-496.

[9] Andrews D L, Babiker M. The Angular Momentum of Light[M]. Cambridge University, 2012.

[10] Padgett M, Bowman R. Tweezers with a twist[J]. Nature Photonics, 2011, 5: 343-348.

[11] Grier D G. A revolution in optical manipulation[J]. Nature, 2003, 424(6950): 810-816.

[12] Wang X L, Cai X D, Su Z E, et al. Quantum teleportation of multiple degrees of freedom of a single photon[J]. Nature, 2015, 518: 516-519.

[13] Paterson L. Controlled rotation of optically trapped microscopic particles[J]. Science, 2001, 292: 912-914.

[14] Jack B, Leach J, Romero J, et al. Holographic ghost imaging and the violation of a Bell inequality[J]. Physical Review Letters, 2009, 103(8): 083602-1-083602-4.

[15] Belmonte A, Rosales-Guzmán C, Torres J P. Measurement of flow vorticity with

helical beams of light[J]. Optica,2015,2(11): 1002.

[16] Lavery M P J,Speirits F C,Barnett S M,et al. Detection of a spinning object using light's orbital angular momentum[J]. Science,2013,341(6145): 537-540.

[17] Heckenberg N R, McDuff R, Smith C P, et al. Generation of optical phase singularities by computer-generated holograms[J]. Optics Letters,1992,17(3): 221-223.

[18] Ostrovsky A S, Rickenstorff-Parrao C, Arrizón V. Generation of the "perfect" optical vortex using a liquid-crystal spatial light modulator[J]. Optics Letters, 2013,38(4): 534-536.

[19] Dudley A, Majola N, Chetty N, et al. Implementing digital holograms to create and measure complex-plane optical fields[J]. American Journal of Physics,2016, 84: 106.

[20] Arlt J, Dholakia K, Allen L, et al. The production of multiringed Laguerre-Gaussian modes by computer-generated holograms[J]. Journal of Modern Optics, 1998,45: 1231-1237.

[21] Marrucci L, Manzo C, Paparo D. Optical spin-to-orbital angular momentum conversion in inhomogeneous anisotropic media[J]. Physical Review Letters, 2006,96(16): 163905.

[22] Sánchez-López M M, Davis J A, Hashimoto N, et al. Performance of a q-plate tunable retarder in reflection for the switchable generation of both first- and second-order vector beams[J]. Optics Letters,2016,41: 13-16.

[23] Yan L, Gregg P, Karimi E, et al. Q-plate enabled spectrally diverse orbital-angular-momentum conversion for stimulated emission depletion microscopy[J]. Optica,2015,2: 900-903.

[24] Gregg P, Mirhosseini M, Rubano A, et al. Q-plates as higher order polarization controllers for orbital angular momentum modes of fiber[J]. Optics Letters, 2015,40(8): 1729-1732.

[25] Chen Y, Fang Z X, Ren Y X, et al. Generation and characterization of a perfect vortex beam with a large topological charge through a digital micromirror device [J]. Applied Optics,2015,54(27): 8030-8035.

[26] Forbes A, Dudley A, McLaren M. Creation and detection of optical modes with spatial light modulators[J]. Advances in Optics and Photonics, 2016, 8(2): 200-227.

[27] Moreno I, Sanchez-Lopez M M, Badham K, et al. Generation of integer and fractional vector beams with q-plates encoded onto a spatial light modulator[J]. Optics Letters,2016,41: 1305-1308.

[28] Barnett S M, Allen L. Orbital angular momentum and nonparaxial light beams [J]. Optics Communications,1994,110: 670.

[29] Kimel I, Elias L R. Relations between hermite and laguerre gaussian modes[J]. IEEE Journal of Quantum Electronics, 1993, 29(9): 2562-2567.

[30] O'Neil A T, Courtial J. Mode transformations in terms of the constituent Hermite-Gaussian or Laguerre-Gaussian modes and the variable-phase mode converter[J]. Optics Communications, 2000, 181(1-3): 35-45.

[31] Bruck R, Vynck K, Lalanne P, et al. All-optical spatial light modulator for reconfigurable silicon photonic circuits[J]. Optica, 2016, 3(4): 396-402.

[32] Cai X, Wang J, Strain M J, et al. Integrated compact optical vortex beam emitters [J]. Science, 2012, 338(6105): 363-366.

[33] Su T, Scott R P, Djordjevic S S, et al. Demonstration of free space coherent optical communication using integrated silicon photonic orbital angular momentum devices[J]. Optics Express, 2012, 20(9): 9396-9402.

[34] Zhang D, Feng X, Huang Y. Encoding and decoding of orbital angular momentum for wireless optical interconnects on chip[J]. Optics Express, 2012, 20(24): 26986-26995.

[35] Reed G T, Mashanovich G, Gardes F Y, et al. Silicon optical modulators[J]. Nature Photonics, 2010, 4: 518.

[36] Zhang D, Feng X, Cui K, et al. Generating in-plane optical orbital angular momentum beams with silicon waveguides[J]. IEEE Photonics Journal, 2013, 5(2): 2201206.

[37] Zhang D, Feng X, Cui K, et al. On-chip identifying topology charges of OAM beams with multi-beam interference[C]. CLEO: Science and Innovations, Optical Society of America, 2013, CM3F-8.

[38] Liu J, Li S, Zhu L, et al. Demonstration of few mode fiber transmission link seeded by a silicon photonic integrated optical vortex emitter[C]. 2015 European Conference on Optical Communication (ECOC), IEEE, 2015.

[39] Liu J, Li S, Du J, et al. Experimental performance evaluation of analog signal transmission system with photonic integrated optical vortex emitter and 3.6 km few-mode fiber link[C]. Optical Fiber Communication Conferenc, Optical Society of America, 2016, Th2A-25.

[40] Liu J, Li S, Du J, et al. Performance evaluation of analog signal transmission in an integrated optical vortex emitter to 36-km few-mode fiber system[J]. Optics Letters, 2016, 41: 1969-1972.

[41] Sorel M, Strain M J, Yu S, et al. Photonic integrated devices for exploiting the orbital angular momentum (OAM) of light in optical communications[C]. 2015 European Conference on Optical Communication (ECOC), IEEE, 2015.

[42] Li R, Feng X, Zhang D, et al. Radially polarized orbital angular momentum beam emitter based on shallow-ridge silicon microring cavity[J]. IEEE Photonics

Journal,2014,6(3): 1-10.

[43] Gambini F,Velha P,Oton C J,et al. Demonstration of an ultra-compact photonic integrated orbital angular momentum emitter with a bragg grating silicon microring[C]. Optical Fiber Communication Conference, Optical Society of America,2016,Th3E-3.

[44] Zhan Q. Properties of circularly polarized vortex beams[J]. Optics Letters,2006, 31(7): 867-869.

[45] Zhang N, Cicek K, Zhu J, et al. Manipulating optical vortices using integrated photonics[J]. Frontiers of Optoelectronics,2016,9(2): 194-205.

[46] Yu S. Manipulating optical vortices using photonic integration[J]. AAPPS Bulletin,2015 25(2).

[47] Yu S. Potentials and challenges of using orbital angular momentum communications in optical interconnects[J]. Optics Express, 2015, 23(3): 3075-3087.

[48] Zhu J, Chen Y, Zhang Y, et al. Spin and orbital angular momentum and their conversion in cylindrical vector vortices[J]. Optics Letters, 2014, 39(15): 4435-4438.

[49] Zhu J,Cai X,Chen Y,et al. Theoretical model for angular grating-based integrated optical vortex beam emitters[J]. Optics Letters,2013,38(8): 1343-1345.

[50] Sun J, Moresco M, Leake G, et al. Generating and identifying optical orbital angular momentum with silicon photonic circuits[J]. Optics Letters, 2014, 39(20): 5977-5980.

[51] Liu A,Zou C L,Ren X,et al. On-chip generation and control of the vortex beam [Z]. arXiv preprint,2015,arXiv: 1509. 08646.

[52] Ohno T,Miyanishi S. Study of surface plasmon chirality induced by Archimedes' spiral grooves[J]. Optics Express,2006,14(13): 6285-6290.

[53] Degiron A, Ebbesen T. Analysis of the transmission process through single apertures surrounded by periodic corrugations[J]. Optics Express, 2004, 12: 3694-3700.

[54] Zhang J, Guo Z, Zhou K, et al. Circular polarization analyzer based on an Archimedean nano-pinholes array[J]. Optics Express, 2015, 23(23): 30523-30531.

[55] Bliokh K Y, Gorodetski Y, Kleiner V, et al. Coriolis effect in optics: unified geometric phase and spin-hall effect[J]. Physical Review Letters, 2008, 101(3): 030404.

[56] Cho S W,Park J,Lee S Y,et al. Coupling of spin and angular momentum of light in plasmonic vortex[J]. Optics Express,2012,20(9): 10083-10094.

[57] Lee S Y,Lee I M,Park J,et al. Dynamic switching of the chiral beam on the spiral

plasmonic bull's eye structure[J]. Applied Optics, 2011, 50(31): G104-G112.

[58] Yu N, Genevet P, Kats M A, et al. Light propagation with phase discontinuities: generalized laws of reflection and refraction[J]. Science, 2011, 334(6054): 333-337.

[59] Karimi E, Schulz S A, De Leon I, et al. Generating optical orbital angular momentum at visible wavelengths using a plasmonic metasurface[J]. Light: Science & Applications, 2014, 3: e167.

[60] De Leon I, Karim E, Schulz S A, et al. Generation of light beams carrying orbital angular momentum using an ultrathin plasmonic metasurface[C]. CLEO: QELS_Fundamental Science, Optical Society of America, 2014, FF1C-2.

[61] Li Z, Hao J, Huang L, et al. Manipulating the wavefront of light by plasmonic metasurfaces operating in high order modes[J]. Optics Express, 2016, 24(8): 8788-8796.

[62] Aieta F, Genevet P, Yu N, et al. Out-of-plane reflection and refraction of light by anisotropic optical antenna metasurfaces with phase discontinuities[J]. Nano Letters, 2012, 12(3): 1702-1706.

[63] Zeng J, Li L, Yang X, et al. Generating and separating twisted light by gradient-rotation split-ring antenna metasurfaces[J]. Nano Letters, 2016, 16(5): 3101-3108.

[64] Liu J, Min C, Lei T, et al. Generation and detection of broadband multi-channel orbital angular momentum by micrometer-scale meta-reflectarray[J]. Optics Express, 2016, 24(1): 212-218.

[65] Jin J, Luo J, Zhang X, et al. Generation and detection of orbital angular momentum via metasurface[J]. Scientific Reports, 2016, 6: 24286.

[66] Chen S, Cai Y, Li G, et al. Geometric metasurface fork gratings for vortex-beam generation and manipulation: Geometric metasurface fork gratings for vortex-beam generation and manipulation[J]. Laser & Photonics Reviews n/a, 2016, 10(2): 322-326.

[67] Shalaev M I, Sun J, Tsukernik A, et al. High-efficiency all-dielectric metasurfaces for ultracompact beam manipulation in transmission mode[J]. Nano Letters, 2015, 15(9): 6261-6266.

[68] He Y, Liu Z, Liu Y, et al. Higher-order laser mode converters with dielectric metasurfaces[J]. Optics Letters, 2015, 40(23): 5506-5509.

[69] Genevet P, Capasso F. Holographic optical metasurfaces: a review of current progress[J]. Reports on Progress in Physics, 2015, 78(2): 024401.

[70] Strain M J, Cai X, Wang J, et al. Fast electrical switching of orbital angular momentum modes using ultra-compact integrated vortex emitters[J]. Nature Communications, 2014, 5: 4856.

[71] Li H, Strain M J, Meriggi L, et al. Pattern manipulation via on-chip phase modulation between orbital angular momentum beams [J]. Applied Physics Letters, 2015, 107: 051102.

[72] Li H, Strain M, Meriggi L, et al. On-chip electrical modulation of phase shift between optical vortices with opposite topological charge[C]. CLEO: Science and Innovations, Optical Society of America, 2014, SM3G-5.

[73] Rui G, Zhan Q, Cui Y. Tailoring optical complex field with spiral blade plasmonic vortex lens[J]. Scientific Reports, 2015, 5: 13732.

[74] Zilio P, Mari E, Parisi G, et al. Angular momentum properties of electromagnetic field transmitted through holey plasmonic vortex lenses[J]. Optics Letters, 2012, 37(15): 3234-3236.

[75] Moore G E. Cramming more components onto integrated circuits[J]. Electronics, 1965, 38(8): 114.

[76] Waldrop M M. More than moore[J]. Nature, 2016, 530: 144.

[77] Dittrich P S, Manz A. Lab-on-a-chip: microfluidics in drug discovery[J]. Nature Reviews Drug Discovery, 2006, 5: 210-218.

[78] Stone H A, Stroock A D, Ajdari A. Engineering flows in small devices: microfluidics toward a lab-on-a-chip[J]. Annual Review of Fluid Mechanics, 2004, 36: 381-411.

[79] Horstmann M, Probst K, Fallnich C. Towards an integrated optical single aerosol particle lab[J]. Lab on a Chip, 2012, 12(2): 295-301.

[80] Padgett M, Di Leonardo R. Holographic optical tweezers and their relevance to lab on chip devices[J]. Lab on a Chip, 2011, 11(7): 1196-1205.

[81] Bowman R W, Padgett M J. Optical trapping and binding[J]. Reports on Progress in Physics, 2013, 76(2): 026401.

[82] Padgett M, Bowman R. Twisted light for micromanipulation and beyond[J]. SPIE Newsroom, 2012, 13: 141-143.

[83] Curtis J E, Grier D G. Structure of optical vortices[J]. Physical Review Letters, 2003, 90(13): 133901.

[84] Jesacher A, Fürhapter S, Bernet S, et al. Size selective trapping with optical "cogwheel" tweezers[J]. Optics Express, 2004, 12(17): 4129-4135.

[85] Huang S, Miao Z, He C, et al. Composite vortex beams by coaxial superposition of Laguerre-Gaussian beams [J]. Optics and Lasers in Engineering, 2016, 78: 132-139.

[86] Schulz S A, Machula T, Karimi E, et al. Integrated multi vector vortex beam generator[J]. Optics Express, 2013, 21(13): 16130.

[87] Berkhout G C, Lavery M P, Padgett M J, et al. Measuring orbital angular momentum superpositions of light by mode transformation[J]. Optics Letters,

2011,36(10): 1863-1865.

[88] Bouchal Z,Celechovsky R. Mixed vortex states of light as information carriers [J]. New Journal of Physics,2004,6: 131.

[89] Tao S,Yuan X C,Lin J,et al. Fractional optical vortex beam induced rotation of particles[J]. Optics Express,2005,13(20): 7726-7731.

[90] Basistiy I V,Pas ko V A,Slyusar V V,et al. Synthesis and analysis of optical vortices with fractional topological charges[J]. Journal of Optics A: Pure and Applied Optics,2004,6: S166-S169.

[91] Leach J,Yao E,Padgett M J. Observation of the vortex structure of a non-integer vortex beam[J]. New Journal of Physics,2004,6(1): 71-78.

[92] Aiello A,Oemrawsingh S S R,Eliel E R,et al. Nonlocality of high-dimensional two-photon orbital angular momentum states[J]. Physical Review A, 2005, 72(5): 052114.

[93] Chen L,She W. Increasing Shannon dimensionality by hyperentanglement of spin and fractional orbital angular momentum[J]. Optics Letters,2009,34(12): 1855-1857.

[94] Oemrawsingh S S R,Aiello A,Eliel E R,et al. How to observe high-dimensional two-photon entanglement with only two detectors[J]. Physical Review Letters, 2004,92(21): 217901.

[95] Gbur G. Fractional vortex Hilbert's Hotel[J]. Optica,2016,3(3): 222-225.

[96] Zhao Y,Zhong X,Ren G,et al. Fractional Fourier transform of non-integer vortex beams[C]. SPIE Optical Engineering + Applications, International Society for Optics and Photonics,2015,95980-95980.

[97] Oemrawsingh S S R, Ma X, Voigt D, et al. Experimental Demonstration of Fractional Orbital Angular Momentum Entanglement of Two Photons [J]. Physical Review Letters,2005,95(24): 240501.

[98] Fadeyeva T A, Rubass A F, Aleksandrov R V, et al. Does the optical angular momentum change smoothly in fractional-charged vortex beams? [J]. Journal of the Optical Society of America B,2014,31(4): 798-805.

[99] Singh R K,Sharma A M,Senthilkumaran P. Vortex array embedded in a partially coherent beam[J]. Optics Letters,2015,40(12): 2751.

[100] Vyas S,Senthilkumaran P. Vortex array generation by interference of spherical waves[J]. Applied Optics,2007,46(32): 7862-7867.

[101] O'Holleran K,Padgett M J,Dennis M R. Topology of optical vortex lines formed by the interference of three,four,and five plane waves[J]. Optics Express,2006, 14(7): 3039-3044.

[102] Albaladejo S,Marqués M I,Scheffold F,et al. Giant enhanced diffusion of gold nanoparticles in optical vortex fields[J]. Nano Letters,2009,9(10): 3527-3531.

[103] Ladavac K, Grier D. Microoptomechanical pumps assembled and driven by holographic optical vortex arrays[J]. Optics Express, 2004, 12(6): 1144-1149.

[104] Hemmerich A, Hänsch T W. Radiation pressure vortices in two crossed standing waves[J]. Physical Review Letters, 1992, 68: 1492.

[105] Clements W R, Humphreys P C, Metcalf B J, et al. An Optimal Design for Universal Multiport Interferometers [Z]. 2016, arXiv preprint arXiv: 1603.08788.

[106] Knill E, Laflamme R, Milburn G J. A scheme for efficient quantum computation with linear optics[J]. Nature, 2001, 409: 46-52.

[107] Kok P, Munro W J, Nemoto K, et al. Linear optical quantum computing with photonic qubits[J]. Reviews of Modern Physics, 2007, 79(1): 135-174.

[108] O'Brien J L. Optical quantum computing [J]. Science, 2007, 318 (5856): 1567-1570.

[109] García-Escartín J C, Chamorro-Posada P. Universal quantum computation with the orbital angular momentum of a single photon[J]. Journal of Optics, 2011, 13: 064022.

[110] García-Escartín J C, Chamorro-Posada P. Quantum multiplexing with the orbital angular momentum of light[J]. Physical Review A, 2008, 78(6): 062320.

[111] Garcia-Escartin J C, Chamorro-Posada P. Quantum computer networks with the orbital angular momentum of light[J]. Physical Review A, 2012, 86: 032334.

[112] Schlederer F, Krenn M, Fickler R, et al. Cyclic transformation of orbital angular momentum modes[J]. New Journal of Physics, 2016, 18(4): 043019.

[113] Bogaerts W, De Heyn P, Van Vaerenbergh T, et al. Silicon microring resonators [J]. Laser & Photonics Reviews, 2012, 6(1): 47-73.

[114] Heebner J, Grover R, Ibrahim T, et al. Optical Microresonators: Theory, Fabrication, and Applications[M]. Springer Science & Business Media, 2008.

[115] Sun J, Yaacobi A, Moresco M, et al. Chip-Scale Continuously Tunable Optical Orbital Angular Momentum Generator [Z]. 2014, arXiv preprint arXiv: 1408.3315.

[116] Cocorullo G, Rendina I. Thermo-optical modulation at 1.5 μm in silicon etalon [J]. Electronics Letters, 1992, 28: 83-85.

[117] Scipioni M, Tyson R K, Viegas J. Mode purity comparison of optical vortices generated by a segmented deformable mirror and a static multilevel phase plate [J]. Applied Optics, 2008, 47(28): 5098-5102.

[118] Cui K, Feng X, Huang Y, et al. Broadband switching functionality based on defect mode coupling in W2 photonic crystal waveguide[J]. Applied Physics Letters, 2012, 101(15): 151110.

[119] Green W M, Rooks M J, Sekaric L, et al. Ultra-compact, low RF power, 10 Gb/s

silicon Mach-Zehnder modulator [J]. Optics Express, 2007, 15 (25): 17106-17113.

[120] Alloatti L, Korn D, Palmer R, et al. 42. 7 Gbit/s electro-optic modulator in silicon technology[J]. Optics Express, 2011, 19(12): 11841-11851.

[121] Ding R, Baehr-Jones T, Liu Y, et al. Demonstration of a low V π L modulator with GHz bandwidth based on electro-optic polymer-clad silicon slot waveguides [J]. Optics Express, 2010, 18(15): 15618-15623.

[122] Bogaerts W, Taillaert D, Dumon P, et al. A polarization-diversity wavelength duplexer circuit in silicon-on-insulator photonic wires[J]. Optics Express, 2007, 15(4): 1567-1578.

[123] Van Laere F, Bogaerts W, Dumon P, et al. Focusing Polarization Diversity Grating Couplers in Silicon-on-Insulator[J]. Journal of Lightwave Technology, 2009, 27(1): 612-618.

[124] Doerr C R, Buhl L L. Circular grating coupler for creating focused azimuthally and radially polarized beams[J]. Optics Letters, 2011, 36(7): 1209-1211.

[125] Oliva M, Harzendorf T, Michaelis D, et al. Multilevel blazed gratings in resonance domain: an alternative to the classical fabrication approach[J]. Optics Express, 2011, 19, 14735-14745.

[126] Flory C A. Analysis of directional grating-coupled radiation in waveguide structures[J]. IEEE Journal of Quantum Electronics, 2004, 40(7): 949-957.

[127] Kogelnik H, Schmidt R V. Switched directional couplers with alternating Δβ[J]. IEEE Journal of Quantum Electronics, 1976, 12: 396-401.

[128] Barnett S M. Optical angular-momentum flux[J]. Journal of Optics B: Quantum and Semiclassical Optics, 2001, 4(2): S7-S16.

[129] Raether H. Surface Plasmons on Smooth Surfaces[M]. Springer, 1988.

[130] Tsai W Y, Huang J S, Huang C B. Selective trapping or rotation of isotropic dielectric microparticles by optical near field in a plasmonic archimedes spiral [J]. Nano Letters, 2014, 14(2), 547-552.

[131] Liu Z, Wang Y, Yao J, et al. Broad band two-dimensional manipulation of surface plasmons[J]. Nano Letters, 2009, 9(1): 462-466.

[132] Siegman A E. Lasers University Science Books[M]. Mill Valley, CA , 1986.

[133] Tovar A A. Production and propagation of cylindrically polarized Laguerre-Gaussian laser beams[J]. Journal of the Optical Society of America A: Optics, Image Science, and Vision, 1998, 15(10): 2705-2711.

[134] Berry M V. Optical vortices evolving from helicoidal integer and fractional phase steps[J]. Journal of Optics A: Pure and Applied Optics, , 2004, 6(2) 259-268.

[135] Götte J B, Franke-Arnold S, Zambrini R, et al. Quantum formulation of fractional orbital angular momentum [J]. Journal of Modern Optics, 2007,

54(12): 1723.

[136] Kim H,Park J,Cho S W,et al. Synthesis and Dynamic Switching of Surface Plasmon Vortices with Plasmonic Vortex Lens[J]. Nano Letters,2010,10(2): 529-536.

[137] Bloch I. Ultracold quantum gases in optical lattices[J]. Nature Physics,2005,1: 23-30.

[138] Zhou H,Zhou Y,Zhang J,et al. Double-slit and square-slit interferences with surface plasmon polaritons modulated by orbital angular momentum beams[J]. Photonics Journal,IEEE,2015,7(2): 1-7.

[139] Yu N,Capasso F. Flat optics with designer metasurfaces[J]. Nature Materials, 2014,13: 139-150.

[140] Lin D,Fan P,Hasman E,et al. Dielectric gradient metasurface optical elements [J]. Science,2014,345(6194): 298-302.

[141] Yao E,Franke-Arnold S,Courtial J,et al. Fourier relationship between angular position and optical orbital angular momentum [J]. Optics Express, 2006, 14(20): 9071-9076.

[142] Pegg D T, Vaccaro J A, Barnett S M. Quantum-optical phase and canonical conjugation[J]. Journal of Modern Optics,1990,37(11): 1703-1710.

[143] Barnett S M,Pegg D T. Quantum theory of rotation angles[J]. Physical Review A,1990,41(7): 3427-3435.

[144] Clark T W,Offer R F,Franke-Arnold S,et al. Comparison of beam generation techniques using a phase only spatial light modulator[J]. Optics Express,2016, 24(6): 6249-6264.

[145] Zhu L,Wang J. Arbitrary manipulation of spatial amplitude and phase using phase-only spatial light modulators[J]. Scientific Reports,2014,4: 7441.

[146] Horn R A, Johnson C R. Matrix Analysis [M]. Cambridge University Press,1985.

[147] Weyl H. The Theory of Groups and Quantum Mechanics [M]. Courier Corporation,1950.

[148] Schwinger J. Unitary operator bases[J]. Proceedings of the National Academy of Sciences,1960,46(4): 570-579.

[149] Lavery M P,Robertson D J,Berkhout G C,et al. Refractive elements for the measurement of the orbital angular momentum of a single photon[J]. Optics Express,2012,20(3): 2110-2115.

[150] Berkhout G C,Lavery M P,Courtial J,et al. Efficient sorting of orbital angular momentum states of light[J]. Physical Review Letters,2010,105(15): 153601.

[151] Mirhosseini M,Malik M,Shi Z,et al. Efficient separation of the orbital angular momentum eigenstates of light[J]. Nature Communications,2013,4: 2781.

[152] Mei S, Huang K, Liu H, et al. On-chip discrimination of orbital angular momentum of light with plasmonic nanoslits[J]. Nanoscale, 2016, 8: 2227-2233.

[153] Chen X, Zhou H, Liu M, et al. Measurement of orbital angular momentum by self-interference using a plasmonic metasurface[J]. IEEE Photonics Journal, 2016, 8(1): 1-8.

[154] Liu R, Phillips D B, Li F, et al. Discrete emitters as a source of orbital angular momentum[J]. Journal of Optics, 2015, 17(4): 045608.

[155] Pu M, Li X, Ma X, et al. Catenary optics for achromatic generation of perfect optical angular momentum[J]. Science Advances, 2015, 1(9): e1500396.

[156] Barnett S M, Allen L, Cameron R P, et al. On the natures of the spin and orbital parts of optical angular momentum[J]. Journal of Optics, 2016, 18(6): 064004.

[157] Lalanne P, Hugonin J P, Rodier J C. Theory of Surface Plasmon Generation at Nanoslit Apertures[J]. Physical Review Letters, 2005, 95: 263902.

附录 A　蛛网型光学轨道角动量发射器的静态特性

为了测试蛛网型光学 OAM 发射器的基本性能，在实验中，首先对其静态特性进行了研究。如第 2 章中所讨论的，从蛛网型光学 OAM 发射器散射的 OAM 纯态具有角向偏振，是一种矢量光束。因此，需要使用左圆偏振或者右圆偏振的参考光束进行干涉，得到光束的拓扑荷数值。

由于该测试并未涉及利用热光效应进行调控，因此在测试系统中不需要电源。根据图 2.9，对实验测试系统进行了改进，得到了如图 A.1 所示的蛛网型光学 OAM 发射器的静态性能测试系统。

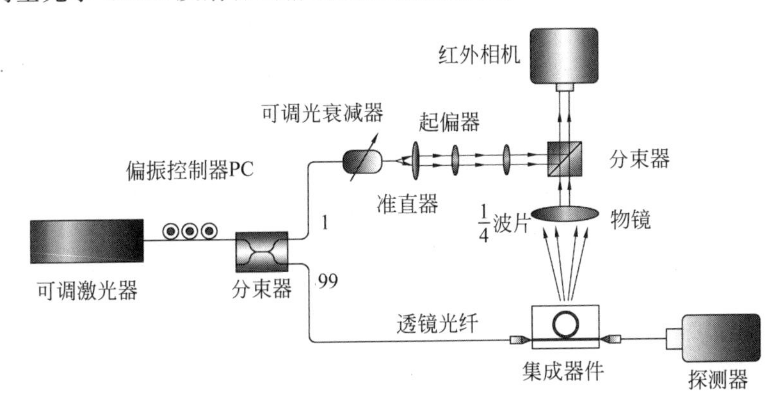

图 A.1　蛛网型光学 OAM 发射器静态性能测试系统示意图

当波长为 1548.74 nm 时，对应的 OAM 纯态拓扑荷数为 4。在如图 A.2 所示的实验结果中，左圆偏振光束与 OAM 纯态的干涉图样具有 5 条干涉图样，螺旋方向为顺时针，表示左圆偏振分量的拓扑荷数为 4+1=5，右圆偏振光束与 OAM 纯态的干涉图样具有 3 条干涉图样，螺旋方向为顺时针，表示右圆偏振分量的拓扑荷数为 4−1=3。进一步，通过改变输入光束的波长，微环内的回音壁模式数会相应改变，从而 OAM 纯态的拓扑荷数也发生了改变。当波长从 1548.74 nm 调至 1552.80 nm 时，OAM 纯态的拓扑荷数从 4 变为−4。

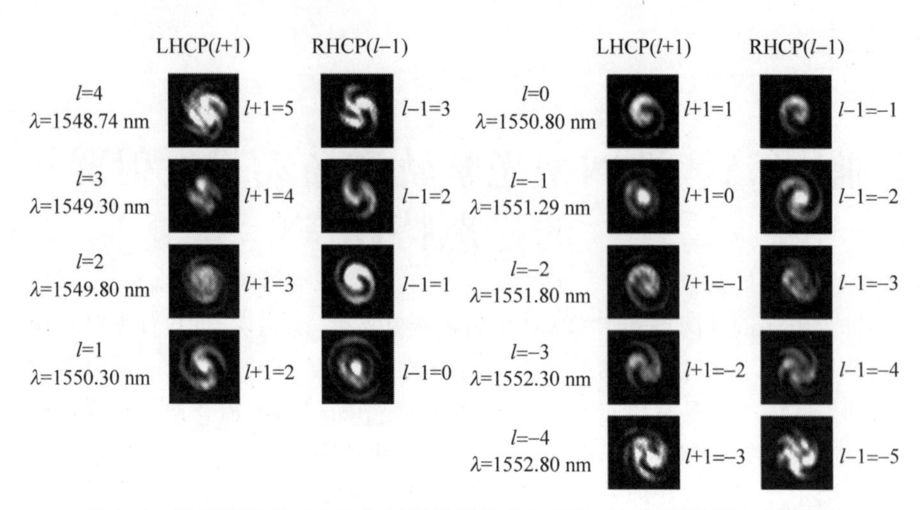

图 A.2 蛛网型光学 OAM 发射器散射的 OAM 纯态与左圆偏振和右圆偏振参考光束的干涉结果

该静态测试结果，一方面验证了蛛网型光学 OAM 发射器的基本设计思路，另一方面也验证了工艺制备流程和实验测试平台，为后续的动态调控测试奠定了基础。

值得一提的是，与正文中动态调控部分的实验结果比较，由于制备工艺条件波动的原因，用于静态性能测试的蛛网型光学 OAM 发射器样品具有更小的光纤波导耦合损耗，发射的 OAM 纯态具有更大的输出功率，因此干涉图样的分辨率也更高、干涉效果更好。

此外，蛛网型光学 OAM 发射器的微环半径约为 200 μm，该尺寸远远超过了物镜的视野范围。但光栅结构位于发射器的正中心，其尺寸很小，半径仅约 5 μm，因此散射光束的能量比较集中，容易被物镜汇集。与此同时，较大的微环半径保证了发射器具有较大的动态范围。因此，微环与光栅的空间分离结构，使得在扩大微环半径的同时，并不会影响光栅的结构，因此不会影响光束的质量。这样的设计思路保证了蛛网型光学 OAM 发射器能够具有较大的动态范围。

附录B 利用平面波分解法推导式(3.8)

对任意的电磁场，都可以通过平面波分解法（傅里叶分解法）对其进行线性分解。为了获得LG光束的平面波分解分量，首先研究其傅里叶变换后的分量。

对于LG光束，为了表示方便，其复振幅 $u_{pl}(x,y,0)$ 简写为 $u_{pl}(x,y)$，经过傅里叶变化可以得到

$$\tilde{u}_{pl}(k_x,k_y)=\frac{1}{2\pi}\int_{-\infty}^{\infty}\int_{-\infty}^{\infty}u_{pl}(x,y)\mathrm{e}^{\mathrm{j}k_x x+\mathrm{j}k_y y}\mathrm{d}x\mathrm{d}y \tag{B.1}$$

其中，k_x 和 k_y 表示沿 x 和 y 方向的波矢大小。与此同时，LG光束可以分解为一系列厄米高斯（HG）光束之和[30]

$$u_{pl}=\sum_{n=0}^{\infty}\sum_{m=0}^{\infty}\alpha_{mn}v_{mn} \tag{B.2}$$

其中，v_{mn}（m 和 n 为非负整数）表示HG光束分量的复振幅。HG光束分量的系数可以进一步表示为

$$\alpha_{mn}=\begin{cases}\mathrm{j}^m b\left(\dfrac{N+1}{2},\dfrac{N-1}{2},m\right), & N=2p+|l|=m+n\\ 0, & 2p+|l|\neq m+n\end{cases} \tag{B.3}$$

其中，

$$b(n',m',m)=\sqrt{\frac{(n'+m'-m)!\ m!}{2^{n'+m'}n'!\ m'!}}\frac{1}{m!}\frac{d^{m'}}{dt^{m'}}\left[(1-t)^{n'}(1+t)^{m'}\right]\Bigg|_{t=0} \tag{B.4}$$

联立式(B.1)和式(B.2)，LG光束的傅里叶变换可以表示为

$$\tilde{u}_{pl}(k_x,k_y)=F\left\{\sum_{n=0}^{\infty}\sum_{m=0}^{\infty}\alpha_{mn}v_{mn}(x,y)\right\}=\sum_{n=0}^{\infty}\sum_{m=0}^{\infty}\alpha_{mn}F\{v_{mn}(x,y)\} \tag{B.5}$$

为了表示方便，这里复振幅 $v_{mn}(x,y,0)$ 简写为 $v_{mn}(x,y)$。HG光束的复振幅 v_{mn} 表达式为

$$v_{mn}(x,y)=b_{m,n}H_m\left(\frac{\sqrt{2}x}{w_0}\right)H_n\left(\frac{\sqrt{2}y}{w_0}\right)\exp\left(-\frac{x^2+y^2}{w_0^2}\right) \tag{B.6}$$

其傅里叶变换为

$$F\{v_{mn}(x,y)\}=\frac{1}{2\pi}\int_{-\infty}^{\infty}\int_{-\infty}^{\infty}b_{m,n}H_m\left(\frac{\sqrt{2}x}{w_0}\right)H_n\left(\frac{\sqrt{2}y}{w_0}\right)\cdot$$
$$\exp\left(-\frac{x^2+y^2}{w_0^2}\right)e^{jk_x x+jk_y y}dxdy$$
$$=b_{m,n}F\left\{H_m\left(\frac{\sqrt{2}x}{w_0}\right)\exp\left(-\frac{x^2}{w_0^2}\right)\right\}F\left\{H_n\left(\frac{\sqrt{2}y}{w_0}\right)\exp\left(-\frac{y^2}{w_0^2}\right)\right\} \tag{B.7}$$

由于有数学关系式

$$\exp\left(-\frac{1}{2}x^2+2xt-t^2\right)=\sum_{n=0}^{\infty}\exp\left(-\frac{1}{2}x^2\right)H_n(x)\frac{t^n}{n!} \tag{B.8}$$

以式(B.8)为基础,经过简单推导,不难得出

$$F\left\{\exp\left(-\frac{1}{2}x^2+2xt-t^2\right)\right\}=\exp\left(-\frac{1}{2}k^2+2jkt+t^2\right) \tag{B.9}$$

在推导过程中,使用了积分公式

$$\int_{-\infty}^{\infty}e^{-ax^2dx}=\sqrt{\frac{\pi}{a}} \tag{B.10}$$

因此得到

$$F\left\{\sum_{n=0}^{\infty}\exp\left(-\frac{1}{2}x^2\right)H_n(x)\frac{t^n}{n!}\right\}=\sum_{n=0}^{\infty}\exp\left(-\frac{1}{2}k^2\right)H_n(k)\frac{(jt)^n}{n!} \tag{B.11}$$

根据傅里叶分解的线性性质,式(B.11)左右两侧加和项中的任意对应项需两两相等,即

$$F\left\{\exp\left(-\frac{1}{2}x^2\right)H_n(x)\right\}=j^n\exp\left(-\frac{1}{2}k^2\right)H_n(k) \tag{B.12}$$

对式(B.12)中的 x 进行变量代换,得到

$$F\left\{\exp\left(-\frac{x^2}{w_0^2}\right)H_n\left(\frac{\sqrt{2}x}{w_0}\right)\right\}=j^n\frac{w_0}{\sqrt{2}}\exp\left(-\frac{1}{4}k_x^2w_0^2\right)H_n\left(k_x\frac{w_0}{\sqrt{2}}\right) \tag{B.13}$$

推导过程中,使用了傅里叶变换恒等式

$$F[g(ax)]=\frac{1}{a}\tilde{g}\left(\frac{k}{a}\right) \tag{B.14}$$

因此,HG 光束的傅里叶变换最终可以写为

$$F\{v_{mn}(x,y)\}=b_{m,n}F\left\{H_m\left(\frac{\sqrt{2}x}{w_0}\right)\exp\left(-\frac{x^2}{w_0^2}\right)\right\}F\left\{H_n\left(\frac{\sqrt{2}y}{w_0}\right)\exp\left(-\frac{y^2}{w_0^2}\right)\right\}$$

$$=\frac{w_0^2}{2}\mathrm{j}^{m+n}b_{m,n}H_m\left(k_x\frac{w_0}{\sqrt{2}}\right)H_n\left(k_y\frac{w_0}{\sqrt{2}}\right)\exp\left[-\frac{w_0^2}{4}(k_x^2+k_y^2)\right]$$

$$=\frac{w_0^2}{2}\mathrm{j}^{m+n}v_{mn}\left(k_x\frac{w_0}{\sqrt{2}},k_y\frac{w_0}{\sqrt{2}}\right)\tag{B.15}$$

上式意味着,HG 光束经过傅里叶变换后,在 k 空间依然保留了其 x 空间复振幅表达式 v_{mn} 的基本形式。最终,LG 光束的傅里叶变换可以表示为

$$\tilde{u}_{pl}(k_x,k_y)=\sum_{n=0}^{\infty}\sum_{m=0}^{\infty}\alpha_{mn}\frac{w_0^2}{2}\mathrm{j}^{m+n}v_{mn}\left(k_x\frac{w_0}{\sqrt{2}},k_y\frac{w_0}{\sqrt{2}}\right)$$

$$=\mathrm{j}^{2p+|l|}\frac{w_0^2}{2}\sum_{n=0}^{\infty}\sum_{m=0}^{\infty}\alpha_{mn}v_{mn}\left(k_x\frac{w_0}{\sqrt{2}},k_y\frac{w_0}{\sqrt{2}}\right)$$

$$=\mathrm{j}^{2p+|l|}\frac{w_0^2}{2}u_{pl}\left(k_x\frac{w_0}{\sqrt{2}},k_y\frac{w_0}{\sqrt{2}}\right)\tag{B.16}$$

不难发现,LG 光束经过傅里叶变换后,也在 k 空间依然保留了其 x 空间复振幅表达式 u_{pl} 的基本形式。

根据上式结果,取傅里叶变换过程的逆变换,可以将任意 LG 光束分解为无数个朝不同方向(k_x 和 k_y)传播的平面波之和

$$u_{pl}(x,y,0)=F^{-1}\{\tilde{u}_{pl}(k_x,k_y)\}=\frac{1}{2\pi}\int_{-\infty}^{\infty}\int_{-\infty}^{\infty}\tilde{u}_{pl}(k_x,k_y)\mathrm{e}^{-\mathrm{j}k_x x-\mathrm{j}k_y y}\mathrm{d}k_x\mathrm{d}k_y\tag{B.17}$$

$\tilde{u}_{pl}(k_x,k_y)$的表达式已由式(B. 16)给出。考虑到电磁场的传播性质,式(B. 17)可写为

$$u_{pl}(x,y,z)\mathrm{e}^{-\mathrm{j}kz}=\frac{1}{2\pi}\int_{-\infty}^{\infty}\int_{-\infty}^{\infty}\tilde{u}_{pl}(k_x,k_y)\mathrm{e}^{-\mathrm{j}k_x x-\mathrm{j}k_y y-\mathrm{j}k_z z}\mathrm{d}k_x\mathrm{d}k_y$$

$$=\frac{1}{2\pi}\int_{-\infty}^{\infty}\int_{-\infty}^{\infty}\tilde{u}_{pl}(k_x,k_y)\mathrm{e}^{-\mathrm{j}k_x x-\mathrm{j}k_y y-\mathrm{j}\sqrt{k^2-k_x^2-k_y^2}z}\mathrm{d}k_x\mathrm{d}k_y$$

$$\approx\frac{1}{2\pi}\int_{-\infty}^{\infty}\int_{-\infty}^{\infty}\tilde{u}_{pl}(k_x,k_y)\mathrm{e}^{-\mathrm{j}k_x x-\mathrm{j}k_y y+\mathrm{j}\frac{k_x^2+k_y^2}{2k}z}\mathrm{e}^{-\mathrm{j}kz}\mathrm{d}k_x\mathrm{d}k_y\tag{B.18}$$

根据傍轴近似条件 $k_x,k_y\ll k$,推导过程中忽略了 k_x 和 k_y 的高阶项,对式(B. 18)进行化简可以得到

$$u_{pl}(x,y,z)=\frac{1}{2\pi}\int_{-\infty}^{\infty}\int_{-\infty}^{\infty}\tilde{u}_{pl}(k_x,k_y)\mathrm{e}^{-\mathrm{j}k_x x-\mathrm{j}k_y y+\mathrm{j}\frac{k_x^2+k_y^2}{2k}z}\mathrm{d}k_x\mathrm{d}k_y \tag{B.19}$$

由于任意圆偏振的 LG 光束可以写为[156](s 表示其 SAM)

$$\boldsymbol{A}=\frac{1}{\sqrt{2}}\langle 1,-s\mathrm{j},0\rangle u_{pl}\mathrm{e}^{-\mathrm{j}kz} \tag{B.20}$$

根据洛伦兹规范(Lorentz gauge),电场和磁场可由矢势给出

$$\begin{cases}\boldsymbol{E}=-\mathrm{j}\omega\left[\boldsymbol{A}+\frac{1}{k^2}\nabla(\nabla\cdot\boldsymbol{A})\right]\\ \boldsymbol{B}=\nabla\times\boldsymbol{A}\end{cases} \tag{B.21}$$

在傍轴近似条件下,电磁场的二阶导数以及一阶导数的乘积可忽略[4],得到

$$\boldsymbol{E}=-\frac{\mathrm{j}\omega}{\sqrt{2}}\left\langle u_{pl},-s\mathrm{j}u_{pl},-\frac{\mathrm{j}}{k}\frac{\partial u_{pl}}{\partial x}+\frac{s}{k}\frac{\partial u_{pl}}{\partial y}\right\rangle\mathrm{e}^{-\mathrm{j}kz} \tag{B.22}$$

事实上,传播方向分量 E_z 也可以被忽略,原因在于该分量在激光光束中很小,而且并不能在金属槽边缘有效地激励起 SPP 模式,因此

$$\boldsymbol{E}=-\frac{\mathrm{j}\omega}{\sqrt{2}}\langle 1,-s\mathrm{j},0\rangle u_{pl}\mathrm{e}^{-\mathrm{j}kz} \tag{B.23}$$

式(B.23)与式(B.19)联立,得到

$$\begin{aligned}\boldsymbol{E}&=-\frac{\mathrm{j}\omega}{2\sqrt{2}\pi}\langle 1,-s\mathrm{j},0\rangle\mathrm{e}^{-\mathrm{j}kz}\int_{-\infty}^{\infty}\int_{-\infty}^{\infty}\tilde{u}_{pl}(k_x,k_y)\mathrm{e}^{-\mathrm{j}k_x x-\mathrm{j}k_y y+\mathrm{j}\frac{k_x^2+k_y^2}{2k}z}\mathrm{d}k_x\mathrm{d}k_y\\&=-\frac{\mathrm{j}\omega}{2\sqrt{2}\pi}\mathrm{e}^{-\mathrm{j}kz}\int_{-\infty}^{\infty}\int_{-\infty}^{\infty}\tilde{u}_{pl}(k_x,k_y)\mathrm{e}^{-\mathrm{j}k_x x-\mathrm{j}k_y y+\mathrm{j}\frac{k_x^2+k_y^2}{2k}z}\langle 1,-s\mathrm{j},0\rangle\mathrm{d}k_x\mathrm{d}k_y\\&=-\frac{\mathrm{j}\omega}{2\sqrt{2}\pi}\mathrm{e}^{-\mathrm{j}kz}\int_{-\infty}^{\infty}\int_{-\infty}^{\infty}PL(k_x,k_y,x,y,z)\langle 1,-s\mathrm{j},0\rangle\mathrm{d}k_x\mathrm{d}k_y\end{aligned} \tag{B.24}$$

这意味着,任意圆偏振 LG 光束可由无数个圆偏振平面波线性叠加而成,平面波由表达式 $\mathrm{PL}(k_x,k_y,x,y,z)\langle 1,-s\mathrm{j},0\rangle$ 来刻画。

现在,需考虑 SPP 的激励过程。在这里,分别对平面波的两个偏振分量 x 和 y 单独分析,最后进行合成。由于 SPP 是 TM 偏振,其只能由垂直于金属槽的电场分量所激励[157]。对于中心处的任意一点(R,ϕ,z),在 x 方向偏振平面波的激励下,阿基米德螺线上的任意一点(r,φ,z)对它的 z 分量电场贡献为[73]

$$\boldsymbol{E}_{\text{spp}}(r,\varphi,z,k_x,k_y)_{\hat{x}} \propto \frac{1}{d}PL(k_x,k_y,x,y,z)\cos\varphi \mathrm{e}^{-\mathrm{j}k_{\text{spp}}d}\mathrm{e}^{\mathrm{j}k_z z}\hat{\boldsymbol{z}} \tag{B.25}$$

其中,$d=\sqrt{(R\cos\phi-r\cos\varphi)^2+(R\sin\phi-r\sin\varphi)^2}$代表该任意两点之间的距离。$\cos\varphi$ 表示垂直分量沿环形金属槽幅度的变化,即 x 偏振分量在金属槽法线方向上的投影。根据惠更斯积分原理,构成携带 OAM 的 SPP 的中心处的任意一点(R,ϕ,z)的电场为[73,132]

$$\begin{aligned}\boldsymbol{E}_{\text{pv}}(R,\phi,z,k_x,k_y)_{\hat{x}} &\approx \frac{1}{2\pi}\int_{-\pi}^{\pi}\boldsymbol{E}_{\text{spp}}(r,\varphi,z,k_x,k_y)_{\hat{x}}r\,\mathrm{d}\varphi\hat{\boldsymbol{z}} \\ &\propto \int_{-\pi}^{\pi}\frac{1}{d}PL(k_x,k_y,x,y,z)\cos\varphi \mathrm{e}^{-\mathrm{j}k_{\text{spp}}d}r\,\mathrm{d}\varphi \mathrm{e}^{\mathrm{j}k_z z}\hat{\boldsymbol{z}}\end{aligned} \tag{B.26}$$

类似地,可以得到 y 偏振分量的结果。将二者进行合并,可以得到圆偏振电场激励结果为

$$\begin{aligned}\boldsymbol{E}_{\text{pv}}(R,\phi,z,k_x,k_y) &= \boldsymbol{E}_{\text{pv}}(R,\phi,z,k_x,k_y)_{\hat{x}} + \boldsymbol{E}_{\text{pv}}(R,\phi,z,k_x,k_y)_{\hat{y}} \\ &\propto \int_{-\pi}^{\pi}\frac{1}{d}PL(k_x,k_y,x,y,z)\left[\cos\varphi - s\mathrm{j}\cos\left(\varphi-\frac{\pi}{2}\right)\right]\cdot \\ &\quad \mathrm{e}^{-\mathrm{j}k_{\text{spp}}d}r\,\mathrm{d}\varphi \mathrm{e}^{\mathrm{j}k_z z}\hat{\boldsymbol{z}} \\ &= \int_{-\pi}^{\pi}\frac{1}{d}PL(k_x,k_y,x,y,z)\mathrm{e}^{-\mathrm{j}s\varphi}\mathrm{e}^{-\mathrm{j}k_{\text{spp}}d}r\,\mathrm{d}\varphi \mathrm{e}^{\mathrm{j}k_z z}\hat{\boldsymbol{z}}\end{aligned} \tag{B.27}$$

由于

$$\begin{aligned}&\int_{-\infty}^{\infty}\int_{-\infty}^{\infty}PL(k_x,k_y,x,y,z)\,\mathrm{d}k_x\,\mathrm{d}k_y \\ &= \int_{-\infty}^{\infty}\int_{-\infty}^{\infty}\tilde{u}_{pl}(k_x,k_y)\mathrm{e}^{-\mathrm{j}k_x x-\mathrm{j}k_y y+\mathrm{j}\frac{k_x^2+k_y^2}{2k}z}\,\mathrm{d}k_x\,\mathrm{d}k_y\end{aligned} \tag{B.28}$$

与式(B.19)联立,不出意外地,最终得到

$$\boldsymbol{E}_{\text{pv}}(R,\phi,z) \propto \int_{-\pi}^{\pi}\frac{1}{d}u_{pl}(x,y,z)\mathrm{e}^{-\mathrm{j}s\varphi}\mathrm{e}^{-\mathrm{j}k_{\text{spp}}d}r\,\mathrm{d}\varphi \mathrm{e}^{\mathrm{j}k_z z}\hat{\boldsymbol{z}} \tag{B.29}$$

该结果与式(3.8)一致,但若从 x 空间的角度直接出发,可以非常直观、快速地得到该结果,尽管从 k 空间出发的分析会更加严格。

附录C　推导具有一定倾斜角度的高斯光束解析式

假设高斯光束的复振幅为$u(x,y,z)$，其沿x方向倾斜小角度α，沿y方向倾斜小角度β。

首先，对高斯光束进行平面波分解

$$\begin{aligned} u(x,y,z) &= \frac{1}{2\pi}\int_{-\infty}^{\infty}\int_{-\infty}^{\infty}\tilde{u}(k_x,k_y)\mathrm{e}^{-\mathrm{j}k_x x-\mathrm{j}k_y y-\mathrm{j}k_z z}\mathrm{d}k_x\mathrm{d}k_y\mathrm{e}^{\mathrm{j}kz} \\ &= \frac{1}{2\pi}\int_{-\infty}^{\infty}\int_{-\infty}^{\infty}\tilde{u}(k_x,k_y)\mathrm{e}^{-\mathrm{j}k_x x-\mathrm{j}k_y y-\mathrm{j}\sqrt{k^2-k_x^2-k_y^2}z}\mathrm{d}k_x\mathrm{d}k_y\mathrm{e}^{\mathrm{j}kz} \\ &\approx \frac{1}{2\pi}\int_{-\infty}^{\infty}\int_{-\infty}^{\infty}\tilde{u}(k_x,k_y)\mathrm{e}^{-\mathrm{j}k_x x-\mathrm{j}k_y y+\mathrm{j}\frac{k_x^2+k_y^2}{2k}z}\mathrm{d}k_x\mathrm{d}k_y \end{aligned} \tag{C.1}$$

其中，k空间的$\tilde{u}(k_x,k_y)$与x空间的$u(x,y,0)$构成傅里叶关系，满足

$$u(x,y,0)=\frac{1}{2\pi}\int_{-\infty}^{\infty}\int_{-\infty}^{\infty}\tilde{u}(k_x,k_y)\mathrm{e}^{-\mathrm{j}k_x x-\mathrm{j}k_y y}\mathrm{d}k_x\mathrm{d}k_y \tag{C.2}$$

进一步假设

$$\begin{cases}\alpha=\dfrac{w}{k}\\[2ex] \beta=\dfrac{v}{k}\end{cases} \tag{C.3}$$

则具有一定倾斜角度的高斯光束表达式为

$$\begin{aligned} u_{\alpha\beta}(x,y,0) &= \frac{1}{2\pi}\int_{-\infty}^{\infty}\int_{-\infty}^{\infty}\tilde{u}(k_x,k_y)\mathrm{e}^{-\mathrm{j}k_x x-\mathrm{j}k_y y}\mathrm{d}k_x\mathrm{d}k_y\mathrm{e}^{-\mathrm{j}wx-\mathrm{j}vy} \\ &= \frac{1}{2\pi}\int_{-\infty}^{\infty}\int_{-\infty}^{\infty}\tilde{u}(k_x,k_y)\mathrm{e}^{-\mathrm{j}(k_x+w)x-\mathrm{j}(k_y+v)y}\mathrm{d}k_x\mathrm{d}k_y \\ &= \frac{1}{2\pi}\int_{-\infty}^{\infty}\int_{-\infty}^{\infty}\tilde{u}(k_x-w,k_y-v)\mathrm{e}^{-\mathrm{j}k_x x-\mathrm{j}k_y y}\mathrm{d}k_x\mathrm{d}k_y \end{aligned} \tag{C.4}$$

因此

$$\tilde{u}_{\alpha\beta}(k_x,k_y)=\tilde{u}(k_x-w,k_y-v) \tag{C.5}$$

为了得到$u_{\alpha\beta}(x,y,z)$，根据式(C.1)，得到

$$
\begin{aligned}
u_{\alpha\beta}(x,y,z) &= \frac{1}{2\pi}\int_{-\infty}^{\infty}\int_{-\infty}^{\infty}\tilde{u}(k_x-w,k_y-v)\mathrm{e}^{-\mathrm{j}k_x x-\mathrm{j}k_y y+\mathrm{j}\frac{k_x^2+k_y^2}{2k}z}\mathrm{d}k_x\mathrm{d}k_y \\
&= \frac{1}{2\pi}\int_{-\infty}^{\infty}\int_{-\infty}^{\infty}\tilde{u}(k_x,k_y)\mathrm{e}^{-\mathrm{j}(k_x+w)x-\mathrm{j}(k_y+v)y+\mathrm{j}\frac{(k_x+w)^2+(k_y+v)^2}{2k}z}\mathrm{d}k_x\mathrm{d}k_y \\
&= \frac{1}{2\pi}\int_{-\infty}^{\infty}\int_{-\infty}^{\infty}\tilde{u}(k_x,k_y)\mathrm{e}^{-\mathrm{j}(k_x+w)x-\mathrm{j}(k_y+v)y}\mathrm{e}^{\mathrm{j}\frac{k_x^2+k_y^2}{2k}z}\mathrm{e}^{\mathrm{j}\frac{k_x w+k_y v}{k}z}\mathrm{e}^{\mathrm{j}\frac{w^2+v^2}{2k}z}\mathrm{d}k_x\mathrm{d}k_y \\
&= \frac{1}{2\pi}\int_{-\infty}^{\infty}\int_{-\infty}^{\infty}\tilde{u}(k_x,k_y)\mathrm{e}^{-\mathrm{j}k_x\left(x-\frac{wz}{k}\right)-\mathrm{j}k_y\left(y-\frac{vz}{k}\right)}\cdot \\
&\qquad \mathrm{e}^{\mathrm{j}\frac{k_x^2+k_y^2}{2k}z}\mathrm{d}k_x\mathrm{d}k_y\,\mathrm{e}^{-\mathrm{j}wx-\mathrm{j}vy+\mathrm{j}\frac{w^2+v^2}{2k}z} \\
&= u(x-\alpha z,y-\beta z,z)\mathrm{e}^{-\mathrm{j}wx-\mathrm{j}vy+\mathrm{j}\frac{w^2+v^2}{2k}z} \\
&= u(x-\alpha z,y-\beta z,z)\mathrm{e}^{-\mathrm{j}\alpha kx-\mathrm{j}\beta ky+\mathrm{j}\frac{\alpha^2+\beta^2}{2}kz}
\end{aligned}
\tag{C.6}
$$

至此,推导得到具有一定倾斜角度的高斯光束的解析式。

在学期间发表的学术论文

[1] **Wang Yu**, Potoček Václav, Barnett Stephen, Feng Xue. Programmable holographic technique for implementing unitary and nonunitary transformations[J]. Physical Review A, 2017, 95, 033827.（SCI 收录，检索号：ES0EL，影响因子：2.765）

[2] **Wang Yu**, Zhao Peng, Feng Xue, Xu Yuntao, Liu Fang, Cui Kaiyu, Zhang Wei, Huang Yidong. Dynamically sculpturing plasmonic vortices: from integer to fractional orbital angular momentum[J]. Scientific Reports, 2016, 6, 36269.（SCI 收录，检索号：EB0FR，影响因子：5.228）

[3] **Wang Yu**, Zhao Peng, Feng Xue, Xu Yuntao, Cui Kaiyu, Liu Fang, Zhang Wei, Huang Yidong. Integrated photonic emitter with a wide switching range of orbital angular momentum modes[J]. Scientific Reports, 2016, 6, 22512.（SCI 收录，检索号：DF3GI，影响因子：5.228）

[4] **Wang Yu**, Feng Xue, Zhang Dengke, Zhao Peng, Li Xiangdong, Cui Kaiyu, Liu Fang, Huang Yidong. Generating optical superimposed vortex beam with tunable orbital angular momentum using integrated devices[J]. Scientific Reports, 2015, 5, 10958.（SCI 收录，检索号：CN0UF，影响因子：5.228）

[5] **Wang Yu**, Xu Yuntao, Feng Xue, Zhao Peng, Liu Fang, Cui Kaiyu, Zhang Wei, Huang Yidong. Optical lattice induced by angular momentum and polygonal plasmonic mode[J]. Optics Letters, 2016, 41, 1478-1481.（SCI 收录，检索号：DI0ZI，影响因子：3.040）

[6] **Wang Yu**, Zhao Peng, Feng Xue, Zhang Wei, Liu Fang, Huang Yidong. Manipulating plasmonic vortices with metallic grooved-slit [C]. Asia Communications and Photonics Conference(ACP), 2016, AS2G-4.

[7] **Wang Yu**, Zhao Peng, Feng Xue, Huang Yidong. Widely switching the orbital angular momentum modes with integrated cobweb emitter[C]. Opto-Electronics and Communications Conference(OECC), 2016.（B 类会议，http://ieeexplore.ieee.org/abstract/document/7718391/）

[8] **Wang Yu**, Feng Xue, Huang Yidong. On-chip generation of superimposed optical vortices with tunable orbital angular momentum[C]. Asia Communications and Photonics Conference(ACP), 2015, AM1A-5.

[9] **Wang Yu**, Zhao Peng, Feng Xue, Cui Kaiyu, Huang Yidong. Integrated emitters for optical vortices with a "cobweb" structure [C]. Opto-Electronics and

Communications Conference(OECC),2015.(B类会议,http://ieeexplore.ieee.org/abstract/document/7340285/)

[10] **Wang Yu**,Feng Xue,Huang Yidong. Investigation of Integrated Optical Vortices Emitters with Micro-ring Cavities [C]. International Nano-Optoelectronic Workshop(iNOW),2015,TuP25.(Best Student Poster Award,1st Place)

[11] Liu Wulong,Chen Guoqing,**Wang Yu**,Wang Yu,Feng Xue,Xie Yuan,Huang Yidong,Yang Huazhong. Exploration of electrical and novel optical chip-to-chip interconnects[J]. IEEE Design & Test,2014,31,28-35.(SCI收录,检索号:AR1DU,影响因子:0.681)

[12] Huang Yidong,Feng Xue,Cui Kaiyu,Li Yongzhuo,**Wang Yu.** Integrated nanophotonic devices for optical interconnections[C]. SPIE Photonics West OPTO 2016,Proceedings of SPIE,2016,9742,97420Z.(B类会议)

致　谢

本论文是在导师冯雪副教授的指导下顺利完成的。在作者攻读博士学位期间，冯老师对本论文工作的开展给予了睿智的规划、细心的关怀和热忱的教导，在此向冯老师表示衷心的感谢！同时感谢实验室主任黄翊东教授在科研和生活方面的关心与照顾，黄老师严谨务实、无私忘我的敬业精神以及平易近人、宽容大度的为人品格让我终身受益。感谢张巍副教授、刘仿副教授以及崔开宇副教授在学术上的关心与指导。感谢英国格拉斯哥大学 Stephen Barnett 教授和 Václav Potoček 博士提供的国际交流与合作。

感谢张登科、赵鹏、许允弢、赵喆欣、杨哲、李向东、吕宁、郭源、李瑞、赵学思、李世康、黄志雷、李卡、张鸿、肖贤等同学的帮助和讨论，感谢实验室所有同学一起营造了良好的学术和生活氛围。

感谢中国科学院国家纳米中心、清华大学纳米中心和材料系电镜实验室等机构以及相关老师在器件制备、测试等方面给予的支持。

最后，还要特别感谢我的父母和我的妻子，正是你们的悉心关照和鼎力支持，使得本论文工作得以圆满完成，在此致以衷心的感谢！